深圳自然笔记

Field Notes From a
Natural Shenzhen

南兆旭◎著

纪念版

深圳报业集团出版社

感谢以下指导老师

中山大学社会学与人类学学院	张鹏教授
深圳大学生命科学学院	李荔教授
深圳市野生动物救护中心	昝启杰博士
深圳市水务局	李长兴博士
仙湖植物园	焦根林博士
中国科学院华南植物园	翟俊文博士
中国昆虫学会蝴蝶分会理事	陈锡昌
广东内伶仃福田国家级自然保护区	徐华林
深圳市观鸟协会会长	徐萌
深圳市观鸟协会理事、生态摄影师	田穗兴
深圳海洋生态摄影师	王炳
自然科学教师、蝴蝶研究者	刘广
《中国最美野花》作者	吴健梅
华南濒危动物研究所	张亮
绿色江河环境保护促进会	熊杨
深圳大鹏半岛国家地质公园	张崧博士
深圳市国家气候观象台	张立杰博士
深圳市国家气候观象台	杨培强
深圳市国家气候观象台	刘爱明
深圳天文学会副会长	孙兆伟

特别感谢

《深圳自然笔记》审读	严莹
《深圳自然笔记》编辑	谭祎波
"时光隧道"山野小组	全体成员
深圳自然学习小组	全体成员
"南寻深圳"户外小组	全体成员
岭南植物小组	全体成员

夏日的大坝　枫木浪水库 2006.08.06

新年的第一轮朝阳　长湾海滩 2009.01.01

冬候鸟黑脸琵鹭　深圳湾 2010.01.03

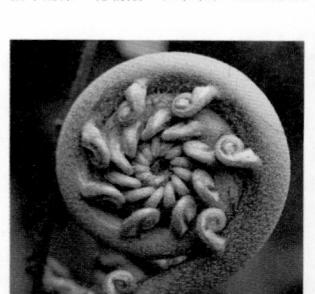

乌毛蕨　马峦古道 2013.03.03

紫纹兜兰　七娘山 2011.10.30

琼边类广蜡蝉　小三门岛 2013.06.10

在"家"与"国"之间，还有一个家园

一

这本笔记缘起于在这个城市山野里超过 10 年的行走。

10 多年里，和同伴踏遍了深圳的山岭、田野、溪谷、海岸线、岛屿、湖泊、老村和古道。每次行走，都尽量做几件事：拍摄沿途的景观；记录大自然中的植物、动物和地貌；查访沿途的历史典故；对比生态与环境的变迁……当然，最基本的是，坚持徒步，一步一步走完每一条线路的起点和终点。

昆德拉说：生活在他乡。我们总是向往他乡，我们上西藏，走新疆，周游世界，我们觉得美景都在他乡。我们只把深圳当作赚取行走他乡旅费的生意场，当作车水马龙的水泥森林，当作灯红酒绿的大都市，其实，行走在深圳的山水间，才知道这个城市的大自然有多么美。

曾在梧桐山顶，遇到雪白的云海，像起伏的波涛一样延伸到天边；曾在红树林里，看到最受深圳人喜爱的黑脸琵鹭，一双金色瞳孔对镜头投来淡定的一瞥；曾在七娘山谷，抚摸 1.3 亿年前的火山岩浆，裹在岩浆中的树木已经凝结成了漆黑的煤石；曾在马峦山荒废的老村里露营，听到天蒙蒙亮时白头翁的第一声鸣叫；曾在深圳最东端的海柴角等待一个晚上，注视红里透白的太阳一点一点从大海中跳出来；曾躺在大雁顶的草地上，仰望漫天的星星，在同伴指点下辨认各个星座；曾沿着老虎涧溯溪而上，在源头品尝了未有一丝污染的山泉……

事实上，大自然里最美的，是你永远说不出来的那一部分。

他乡的美丽，带给我感叹，深圳的美丽，带给我感动。因为，这是家的美丽。

二

没有语言能表达我对这个城市的热爱。

1989 年 11 月，我离开北方，选择了遥远的深圳。因为在上世纪 80 年代的中国，只有深圳是唯一一个没有户口、档案、粮油关系也会给你一份工作的城市。

六斑月瓢虫　北山溪谷 2012.10.04

斑马蝶　大亚湾 2012.05.01

云海　梧桐山 2006.01.29

变色树蜥　塘朗山 2004.12.19

化石　大辣甲岛 2009.08.16

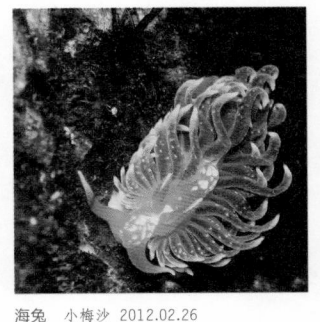

海兔　小梅沙 2012.02.26

没有想到，我选择的新家园是这样美好，我爱它源于民间的澎湃活力，爱它变幻多端的生存机遇，爱这个城市有一千多万和我一样迁徙而来的移民，爱它地处亚热带四季常青、色彩缤纷的大自然……

在急速发展的中国，没有一个城市可以逃脱沧海桑田的变迁，我热爱的深圳也一样。1979年，宝安县变身为深圳市。短短40多年里，这片不到2000平方千米的土地，1000平方千米的海域，为人口53倍的增长、GDP 11000倍的增长，付出了巨大的环境代价。

在这本笔记中，我只想用图片和文字，与大家一起发现家园的美丽，分享大自然的恩赐，感恩天地万物给予我们的一切。笔记试图传递的愿望是，在"家"与"国"之间，还有一个"家园"——我们的家园就是深圳，就是脚下的土地，头顶的天空，是四周的江河湖海，身边的生灵万物……家园是多么美好，又是多么脆弱，渴望休养生息的家园等待我们呵护爱惜，等待我们做出改变。

感谢命运，引导我来到依山傍海的深圳安家；感谢亚热带的温暖，季风带来的雨水，滋润着深圳万物生长；感谢所有的生命——从内伶仃岛上的灵长类动物猕猴到塘朗山里朝生暮死的昆虫蜉蝣——感谢它们能与我们在这个城市里同生共住，丰富着生命的形式。

感谢多年里，一起在山野里走过的数千位同伴——我终于给大家交出了这份作业；感谢在撰写笔记过程中所有给予指导和提供图片的老师，没有你们，就没有这本笔记常识的准确、画面的生动。

感谢所有的生命和机缘，所有的感激都在这一天说出来。

南兆旭

Content

目录

田野

海洋

岛屿

河流

附录

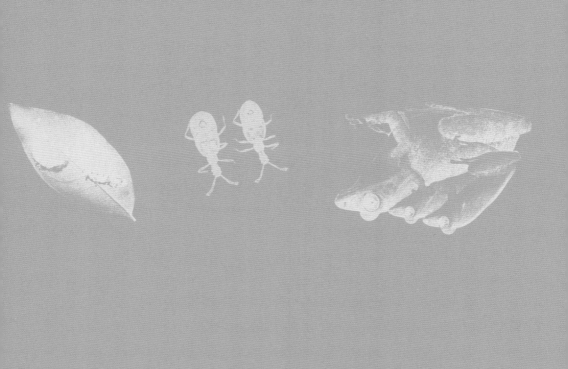

绵山

Mountain

隐居在深圳的外星人

M o u n t a i n

星斑梳龟甲 梧桐山 2012.07.30

梧桐山是个生物宝库，只要你留心观察，就会有惊喜发现。星斑梳龟甲，台湾给它起的名字更好听：龟金花虫。瞧它的外壳和透明的边缘，多么像一身时尚的太空服。

　　深圳是全中国人口密度最大的城市之一，1756.01 万人挤在这片不到 2000 平方千米的土地上。抬眼望去，满城都是熙熙攘攘的人，这或许会让我们觉得自己是这片土地上数量最多的生命。

　　其实，仅仅一个梅林后山里的昆虫数量，就是深圳总人口数量的几十甚至上百倍。

　　昆虫是所有生物中种类及数量最多的族群，单单是已被发现的品种就有 100 多万种。深圳最常见的昆虫是蚂蚁、蜜蜂、蝉、蟋蟀、蜻蜓，还有我们在房间里就能见到的蟑螂、白蚁。其中最不像昆虫的是翩翩而飞的蝴蝶，但它的确是鳞翅目的昆虫。

　　判定是否是昆虫的最直接依据：昆虫身体分为 3 部分：头、胸、腹；有 2 对翅膀 6 只足；头上长着 1 对触角；一生从卵到成虫形态多变。最像昆虫的蜘蛛因为有 8 条腿，没有被列入昆虫家族。

　　深圳的山野里有 1 万多种昆虫，细细观察它们千奇百怪的形态、它们匪夷所思的身体结构、它们让人惊艳甚至惊恐的色彩、它们从一枚卵蜕变为成虫的历程、它们猎食的技能、它们吸引和俘获配偶的手法、它们保护和养育儿女的方式，你恐怕会相信，它们其实是隐居在深圳的外星人。

叶甲 梧桐山 2012.08.12

叶甲，花蕊上的舞者。从蚂蚁到蝴蝶，从蜜蜂到瓢虫，昆虫是植物花粉最主要的传播者。

东方水螶

洞背溪谷 2008.03.16

这只东方水螶扁平的身体还没有一枚硬币厚，却可在溪底潜游，可在树上爬行，是个两栖能手。

天牛 梅林后山 2012.06.03

从放大后的脸部特写可以看到天牛坚硬强壮的上颚几乎占了三分之一的脸。在北方，我们把它们称作"锯树郎""钻木虫"，在深圳，松墨天牛和松材线虫联手，成为杀死数十万株马尾松的罪魁祸首。

松材线虫是一种非常细小的嬬虫，肉眼看不到，要在显微镜下才能一睹真容。一只松墨天牛羽化后，身上会搭载着成千上万只松材线虫，最多可达30万只！松材线虫借助松墨天牛的飞翔，侵入松林。染上松材线虫的马尾松树脂分泌停止，整株干枯死亡，最终腐烂。一片松林从首株松树发病到整片被传染后全部枯死，一般只用3到5年，被称为马尾松的"艾滋病"。所以，30年前曾经在深圳的山岭里延绵的松林如今已消失殆尽。

钮灰蝶和乌木举腹蚁

梅林后山 2012.08.04

梅林后山的桫（suō）椤谷里，色彩斑斓的钮灰蝶和黑黝黝的乌木举腹蚁在一片树叶上相安无事。

一只浮在水面的仰泳蝽捕获到叶蝉

梧桐山 2008.12.06

蝽科昆虫仰泳蝽因为能在水面腹部朝天仰泳而得名。它背部色浅，水下的鱼向上看到的它与天空差不多；它腹部色深，水面上的飞鸟向下看到的它与水底融为一色。它是个隐匿高手。

仰泳蝽可用细长的足在水面迅速划水奔跑，可抓住水中植物潜入水下，遇到天敌或猎物，马上松开植物，迅速浮出水面。更神奇的是它还可以飞行。本领强大的仰泳蝽捕获到的猎物一般都比自身体格大。

卷叶象甲

梅林水库 2008.08.21

模样怪趣的卷叶象甲在产卵前先选好叶片卷折成筒状，把卵产在筒中封好。在叶筒安全狭窄的世界里，卷叶象甲会度过生命的3个阶段：卵、虫和蛹。等成虫羽化后，才咬破叶筒从一端钻出来。

世界上第一批以深圳原住民名字命名的昆虫

毕业于深圳大学的昆虫爱好者黄宝平在盐田和大鹏半岛发现了两种蚁甲科的新种，分别以自己母亲和外婆——两位深圳原住民的名字来命名。这是世界上第一批以深圳人名命名的昆虫。

2011 年，新种正式被命名为 *Sinoclavigerodes yalianae*，发表在美国生物学杂志 *Sociobiology* 2011 年 57 卷第 1 期。中文名为亚连中华锤角蚁甲，亚连（yalian）是黄宝平母亲的名字。

2012 年，该杂志又发表了黄宝平在深圳发现的新种蚁甲 *Anaclasiger zhudaiae*，中文名称为珠带寡节蚁甲，珠带（zhudai）是黄宝平外婆的名字。

昆虫是世界上种类最多的动物，在广袤的大地上，还有许多未知种类的昆虫等待我们去发现。按照惯例，发现者可以决定新物种的命名——这应该是送给亲人和爱人最好的礼物了。

亚连中华锤角蚁甲与雄性蚂蚁

大鹏半岛 2009.12.19

大鹏半岛山岭里的亚连中华锤角蚁甲与雄性蚂蚁。

亚连中华锤角蚁甲

2009.12.19

世界上第一种以深圳原住民名字命名的昆虫亚连中华锤角蚁甲（左雄右雌）。

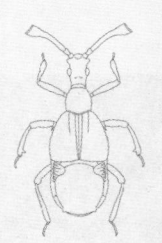

亚连中华锤角蚁甲身体构造图

昆虫凭什么成为深圳数量最多的动物

在深圳，大型野生哺乳动物的品种不超过 50 种，和哺乳动物比较起来体格单薄弱瘦小的昆虫却有超过 1 万种，马峦山上一只不足 1 克重的蜜蜂，生存智慧并不亚于一只体重超过 100 公斤的野猪。

一片白楸（qiū）树叶子的背面藏得下成百只蚜虫，海拔 944 米高的梧桐山却藏不下一只彪悍的华南虎，深圳野外的最后一只华南虎在 1961 年被人类猎杀。

但是，为什么我们用尽了各种办法灭杀蟑螂，它依然是愈来愈多的"小强"？为什么中心区高楼缝隙里的一个蚁窝，会有多达上万只蚂蚁，而每年飞来深圳湾的黑脸琵鹭，始终没有超过 500 只？

昆虫似乎永远没法和人类抗争，但凤蝶每小时可飞 19 千米，蜜蜂每小时可飞 20 千米。蟋蟀可跳到半米高，是身体长度的 20 倍。这是人类永远无法实现的奥运纪录。

全世界已知动物约 150 万种，昆虫就占 100 多万种，是软体动物的 10 倍、脊椎动物的 25 倍、鸟类的 100 多倍。小巧多变的身体结构、水陆空全适应的生存技能、极好的胃口、强大的繁殖力，最重要的是避免成为人类喜好的美味，终于让卑微命贱的昆虫成为深圳乃至地球上数量最多的野生动物。

变态是"外星人"的蓝海战术

这是外星人的信号发射器吗？这是外星人相互联络的密码吗？都不是，这是报喜斑粉蝶产的卵，它会蜕变成虫，随后会成蛹，最后会化蝶，翩翩飞起……

某些动物在个体发育过程中的形态变化被称为"变态"。从报喜斑粉蝶一生的变化可以看出一只昆虫变态的剧烈。从一片树叶上一粒粒的卵到空中飞翔的蝴蝶，从泥土里一只默默无声的若虫到树顶上欢叫的蝉，其间变化的不仅仅是外形，食物、习性甚至栖息地都会发生变化。

科学家们认为，这实际上是昆虫在亿万年进化过程中做出的选择，避免同种昆虫在不同成长期竞争相同的食物和空间。这也算是昆虫生存竞争中的蓝海战术吧。

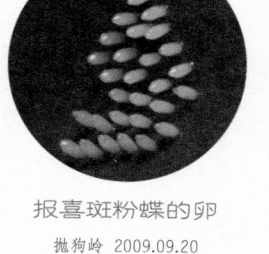

报喜斑粉蝶的卵
抛狗岭 2009.09.20

报喜斑粉蝶的幼虫
马料河 2009.06.28

刚刚从蛹中羽化的报喜斑粉蝶
梧桐山 2012.10.10

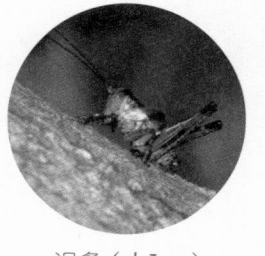

迟螽（zhōng）
红树林 2012.05.27

一只罕见的迟螽，短短的翅膀连腹部都盖不过，却有一双青蛙一样的大眼睛，还有一对比身体长一倍以上的触角。

"外星人"的雷达不仅有触觉，还有味觉和嗅觉

最喜欢昆虫头上形状各异长短不一的触角，有的像卷丝，有的像长矛，有的像京剧演员头上的翎子，有的甚至像钢锯。最飘逸的是天牛的触角，长度可达它身体的一倍以上。

昆虫的触角不仅仅是装饰，它是昆虫的鼻子和舌头，细细的触角上有味觉、触觉和嗅觉。

昆虫的大脑重量只占体重的四百分之一，人类的大脑却占到体重的五十分之一，昆虫把98%的神经细胞都用在了感觉上，人用于感觉的神经细胞只有千分之一，其他都用来记忆和思考。最终，地球人战胜了"外星人"——工于心计的人类用智慧统治了世界。

弄蝶　径肚溪谷 2012.10.06

这是一头驴子的脑袋吗？暴露它身份的是头上的触角。其实，它是一只弄蝶。

花儿飞过深圳

金蟠（pán）蛱（jiá）蝶　盐灶老村 2010.10.31

每年冬至之后，北方的寒风更加凛冽，万物更加凋零；而在深圳，斑斓的蝴蝶仍在花丛草木中翩翩起舞。

在中国内地的一线大城市中，深圳拥有的蝴蝶数量和种类应该是最多的。整个中国有记录的蝴蝶有 1223 种，深圳就有超过 200 种。这是一个让人惊喜的数字。

在深圳最常见到蝴蝶的地方是山谷、田野、绿道、风水林和老村，有几个蝴蝶特别多的山谷被山友称为蝴蝶谷。曾在清林径一条树木掩映的幽暗小路上，见到上千只报喜斑粉蝶密密麻麻地落在灌木丛中，闪着红黄相间的光泽，把小道装扮得犹如幻境。

有一次在大甲岛上遇到一只大绢斑蝶，见到有人来，翩然向大海飞去，渐渐消失在海面上。它能一口气飞到 3 千米外的陆地上吗？它飞不动了在海面上怎么休息？后来才在台湾导演邓文斌拍摄的纪录片《蝴蝶密码》里知道了蝴蝶的越海能力——每年，中国台湾有数十万只紫斑蝶会用 3 个月的时间飞到日本，沿着岛链迁徙 1000 多千米。

在深圳山野里行走，会发现一个有趣的现象：越是体格大、图案艳美的蝴蝶，越是难以接近拍摄，甚至都无法细细打量。它们紧张、敏感，远远地看到人就逃开了；而相貌平平的蝴蝶大都不避人，可以让你左拍右拍。难道蝴蝶也和姑娘一样，越是美丽的越是骄傲矜持？后来想明白了：越是美丽珍稀的蝴蝶，越易成为人们捕捉的对象，一代又一代的优胜劣汰，让它们继承了远离人类的警觉。

在山野里，遇到一只或一群蝴蝶，是大自然给你的赏赐。它们是飞临深圳的花朵，请不要去捕捉、伤害它们。

巴黎翠凤蝶

尖马山 2012.05.13

时尚的巴黎翠凤蝶，后翅有一片蓝绿色的斑，像宝石镶嵌在黑色的天鹅绒上，华贵美丽，所以也被称为"绿宝石蝶"。巴黎翠凤蝶并不是在巴黎发现的，而是因为欧洲人把后翅那块蓝绿色称为"巴黎翠"而得名。

燕凤蝶 坪山 2012.07.08

燕凤蝶是深圳罕见的蝶种。它是世界上最小的凤蝶，两条修长的尾突很像燕子尾巴。

达摩凤蝶

大雁顶 2005.05.29

达摩凤蝶与佛教的创始人并无关系，只是学名 Papilio demoleus 的音译。

幻紫斑蛱蝶

塘朗山 2012.09.23

在山野里，留心观察蝴蝶翅膀上的鳞片，从不同角度看，有时会呈现出不同的颜色。幻紫斑蛱蝶小小的翅膀上有成千上万个鳞片，会因为光线方向的不同折射出不同的金属光泽。

我们触摸蝴蝶的翅膀后，手指会粘上一层薄薄的粉末，那就是蝴蝶的鳞片。鳞片不只是蝴蝶飞翔的工具、装扮的彩衣，还是它护身的伪装、防身的盔甲——当不小心被蜘蛛网缠住，脱落的鳞片可以帮助蝴蝶脱身。蝴蝶还会靠鳞片吸收所需的热量。

即使是轻轻的触摸也会损坏蝴蝶鳞片。所以，不要捕捉和把玩蝴蝶，即使你最终把它放了，它也已经是残废蝶了。

小眉眼蝶

梅林后山 2013.01.08

冬日，深圳少雨，旱季时的小眉眼蝶把自己装扮成了枯叶的模样。

绢斑蝶 七娘山 2012.01.19

在深圳的山野里，拍摄野生动物图像是一件非常难的事。野猪、豹猫、刺猬等大型动物见到人就飞奔而逃；飞鸟对人敬而远之；昆虫还好，但是飞来跑去，不会老老实实停下来对着你的镜头。

我的经验是，有时碰到实在想拍的小动物，可以轻轻对它说"你不要跑，不要动，我就给你留个影，不会伤你的，请放心"，通常会有效，听话的小动物能在 60% 左右。

在南澳香车水库边遇到这只在空中飞舞的绢斑蝶，特别喜欢，我对它连着嘟囔了几遍，它果然停下来，落在了一株鹅掌柴的花枝上，让我拍了个够。

发 现 笔 记

香港的蝴蝶为什么真的幸福？

整个中国有记录的蝴蝶有 1223 种，香港则有 239 种。这个面积只占国土万分之一的都市，蝴蝶的种类占 19.5%。

之所以有这样精确的数字，是因为香港特区政府的渔农自然护理署有专门研究和保护蝴蝶的"蝴蝶工作小组"，还有香港民间 600 多位喜爱蝴蝶的人士聚合在一起，完全依靠民间的力量建起了蝴蝶资料馆。

在香港，对蝴蝶的保护已写进《野生动物保护条例》甚至一些蝴蝶幼虫所吃的食物比如宽药青藤也被写进《林区和郊区条例》加以保护。香港 40% 的土地被划为郊野公园和特别保护区，这些地方的一草一木都受到法律的严格保护，蝴蝶自由、安全地飞舞在其中。

有地产商准备投巨资在大埔建立游乐场，遭到民间反对，理由是规划中的游乐场临近蝴蝶的栖息地，项目就此搁浅。

比起一河之隔的邻居，我们深圳对待环境、对待生态、对待万物生灵的方式值得反思。

深圳和香港地理气候、地理环境接近，蝴蝶种类也大致相同，喜好蝴蝶的市民可上香港的网站了解蝴蝶知识：

香港生物多样性·香港的蝴蝶 http://www.afcd.gov.hk/tc_chi/conservation/hkbiodiversity/speciesgroup/speciesgroup_butterflies.html

我听到了斑蝶飞翔的声音

数万只迁飞蝶聚集在山谷里 马峦山 2012.11.18

密密匝匝的蝶群里，大都是幻紫斑蝶和蓝点紫斑蝶，也有零星的虎斑蝶和青斑蝶。大多数斑蝶都是有毒的，这是它们在漫长的迁徙途中，单薄脆弱的身体抵御天敌的法宝。这批在深圳过冬的斑蝶群，其中数量最多的是蓝点紫斑蝶，它的幼虫只吃羊角拗的叶，而羊角拗被称为广东四大毒草之一。

昆虫界的候鸟——
迁飞的斑蝶

马峦山 2012.11.18

僻静、无人、避风、原生态林木、洁净的溪水是数万只斑蝶选择这个山谷栖息的原因。

2012 年 11 月 4 日，在马峦山一个无人的山谷里，无意中遇到了一个斑蝶聚集地。数万只斑蝶密密麻麻地落在枝叶上，山风吹来，枝叶摆动，成千上万只斑蝶腾空而起。大家都看呆了，难以言喻的奇观给我们带来难以言喻的感动。

一同前去观察记录的昆虫生态学老师严莹后来写道：

"斑蝶是昆虫界的候鸟，每年都会大群大群地迁飞。为了度过寒冷的冬季，它们一路向南，飞往温暖的地方越冬。和候鸟一样，它们也有固定的迁徙路线和中转站。真没想到，它们会在我们的城市偷偷选了这处僻静的山谷幽居。而能亲眼目睹这一切又是何等的幸福。"

"今日风和日丽，阳光洒在丛林的树冠层，有轻风吹过，上万只越冬斑蝶随风在山谷中翩翩跃起，如童话世界的场景。我第一次听到了蝴蝶飞舞的声音……"

斑蝶在这个山谷一直停留到 11 月底。11 月 24 日，一场秋雨，气温骤降，蝶去谷空，数万只斑蝶没有留下一丝痕迹，好像什么也没有发生过。

蝶影深圳

大红蛱蝶 小脑壳 2012.12.23

蝶老色衰、翅膀残破的
波蛱蝶

洞背后山 2012.09.20

旖弄蝶

鹅公村口 2013.07.16

正在产卵的檗(bò)黄粉蝶

大鹏古城 2013.06.06

黑脉蛱蝶

梅林后山 2012.09.16

樟青凤蝶

大脑壳 2013.04.23

白带黛眼蝶
桃花源溪谷 2013.07.08

黄襟蛱蝶 新大村 2013.08.03

虎斑蝶 径肚溪谷 2012.06.12

一对正在缠绵的串珠环蝶 梅林绿道 2013.03.07

豆粒银线灰蝶
梧桐山 2012.10.07

优越斑粉蝶
香车水库 2013.08.03

白带螯蛱蝶专心吸食腐烂了的菠萝蜜
大望村二线巡逻道 2013.07.28

迁徙的人和迁徙的鸟要相亲相爱

Mountain

反嘴鹬（yù）
深圳湾 2011.01.08

反嘴鹬是冬候鸟，它有3个绝招：1.可以用造型独特的嘴巴像扫帚一样在泥潭里扫荡，触到小鱼、螃蟹、贝壳后再下嘴叼出来；2.可在水中倒立；3.遇到天敌袭击时，父母会伴装翅膀断了，从空中落下，将捕食者从幼鸟身边引开。

很早很早以前，远远早于7000年前在中国南海边择岸而居的深圳先民，无数的鸟儿就已经本能地把深圳当作迁徙中的栖息地。每年，上百种数十万只候鸟会降临深圳。它们最南来自新西兰、澳大利亚，最北来自西伯利亚。经过长途跋涉，它们在中国南海边的湿地上歇息，补充营养，大部分会继续终点在远方的长途迁徙，有一些鸟儿就留在了深圳，筑巢觅食，生儿育女，和同样是迁徙而来的深圳人一起生活。

鸟儿为什么要迁徙？是为了发掘不同或更适合的栖息地，增加生存机会。法国导演雅克·贝汉在他风靡全球的作品《迁徙的鸟》中说："鸟的迁徙是一个关于承诺的故事，一种对于回归的承诺。它们的旅程千里迢迢，危机重重，只为一个目的——生存。候鸟的迁徙是为生命而战。"

在深圳，每100种雀鸟中，有40种是春秋季过境的迁徙鸟，迁徙途中在深圳短暂休息后，再继续南迁或北返；有30种是冬候鸟，秋季飞来深圳越冬，春季离开；有5种是夏候鸟，春季飞来深圳，秋季才离开。候鸟的比例占到深圳野生雀鸟种类的75%。

1979年3月，宝安县变身为深圳市，全市只有33万人。也就是从那一年起，上千万人开始向深圳迁徙。2021年，在这个城市定居的人口已超过1700万，移民的比例占到98%——相当于加拿大近半的人口移民到了只占其领土五万分之一的土地上，相当于两倍香港的人口在40多年里迁徙而来。

这是史诗般的投奔，是中国百姓带着梦想上路，为了生存、为了改变生活做出的选择。

背井离乡、选择新的栖息地、探寻新的生活——在这一点上，迁徙的深圳人和迁徙的候鸟有一样的基因。所以，我们应该相亲相爱。

红嘴区鸥 深圳湾 2008.11.30

红嘴鸥是冬候鸟，俗称"水鸽子"。从这个名字就可以看出红嘴鸥的数量和习性，它是深圳湾里数量最多的候鸟。每年，上万只红嘴鸥以借风乘力的飞行方式来到深圳。空气由于冷暖程度不同在天空中形成气流，红嘴鸥找寻到合适的气流盘旋升高，然后用长而狭窄的翼向前滑翔，然后再升高，再滑翔，周而复始，轻轻松松就可飞过上万千米的路途。

丝光椋（liáng）鸟 梅林水库 2013.03.07

丝光椋鸟是冬候鸟，是中国独有的鸟类，曾经广布于乡野中，但因为被人们捕捉作为笼养观赏鸟出售，加上农药对环境的污染，种群和数量都急剧减少。

琵嘴鸭 深圳湾 2007.02.06

在深圳湾，数量最多的越冬鸭类候鸟就是琵嘴鸭，有的月份数量最多能达到 2 万多只。

琵嘴鸭模样长得有点"三斤鸭子两斤半嘴"，嘴巴像个饭勺，又像个铲子，也被人叫作"铲土鸭"。琵嘴鸭的大嘴不是用来喋喋不休的，在浅海泥浆里，大嘴能过滤出种子和小生物；在深水中，大嘴能兜住浮游生物，是真正的"饭勺"。

黑翅长脚鹬（yù）

华侨城湿地 2007.07.10

越冬鸟黑翅长脚鹬算得上深圳候鸟里的模特儿。它们双腿修长，身材高挑，一对又圆又大的眼睛像画了浓重的眼影，身披黑白分明的羽毛，在沿海滩涂和淡水沼泽地行走时，大有 T 型台上走秀的风范。

扇尾沙锥

深圳湾 2008.11.30

冬候鸟扇尾沙锥长着圆溜溜的大眼睛和长长的嘴巴，模样卡通可爱。

我们辜负了候鸟对这个城市的忠诚

　　全球有8大候鸟迁徙路线，经过中国的有3条，深圳地处"东亚—澳大利西亚（澳大利西亚又译澳大拉西亚，一般指澳大利亚、新西兰及附近南太平洋诸岛）"线（EAAF）的正中间。这条生命线北起西伯利亚和阿拉斯加，南至澳大利亚和新西兰，数千万只候鸟在这13000千米的路途上往返，完成年复一年的生命延续。

　　一只迁徙的大滨鹬从澳大利亚出发时，体重在270克以上，经过长途跋涉，两周后飞到深圳，体重已降到140克左右。它会在深圳歇息停留，补充能量，再继续数千千米的长途跋涉。

　　千万年里，深圳一直是南北候鸟最重要的栖息地之一，它们选择深圳的原因是：亚热带的气候温暖湿润，浓密的红树林提供了庇护所，水刚刚没脚的湿地里有丰富的鱼虾……可惜的是，这40年里深圳一度填埋湿地，污染海水河水，砍伐红树林，过度捕捞鱼蟹，这片土地已不是候鸟的乐土。

　　候鸟基因里有"栖息地忠诚度"，对这片栖息地的认知遗传了一代又一代，它们对深圳不离不弃。只是，飞了几千千米来到深圳，却吃不饱肚子，体力没得到补充，在本能驱使下，它们会再继续向前飞，命丧途中的概率却会大大提高。

结队飞过深圳湾的
弯嘴滨鹬
深圳湾 2009.04.09

没有一只被关进笼里的家燕会活下去

　　从小在太行山区长大，来到深圳后，发现深圳的动植物和家乡大不相同，只有家燕，从外形、品种到生活习性几乎一模一样。

　　家燕是和人类最为亲近的鸟类，儿时在祖母家，就看到屋内的梁上搭着一个燕窝，家燕大大咧咧地在屋里飞来飞去，修巢觅食，生儿育女，和屋内的人一样忙碌辛劳，完全没有把自己当外人。在故乡的山村，谁家里没有燕子扎窝，心里会非常不安，觉得家风不好，连燕子都不愿意来。

　　家燕对人类的信赖也获得了回报，即使在什么都敢吃的广东，也没有听说过什么人把家燕端上餐桌。家燕和人类的相处方式是，我对你信赖，我与你和谐、平等地相处，但我不会让你豢养和奴役。没有一只被人关在笼子里的家燕能活下去。

家燕的窝
龙岗客家围屋 2006.06.23

"旧时王谢堂前燕，飞入寻常百姓家"，不知搭建在龙岗客家围屋"大万世居"的牌匾下的燕窝还在否。家燕是坚定的肉食主义者，只吃昆虫，不能像一些鸟那样杂食浆果、种子。北方的冬季没有虫子可供家燕捕食，所以每年都要有一次南北大迁徙。

深圳人最盼望的黑面来客

黑脸琵鹭 深圳湾 2007.01.29

黑脸琵鹭隶属于鹳形目、鹮科、琵鹭属。琵鹭属与其他鹭鸟不同的特征是长着一个琵琶或汤匙状的长嘴，所以它的英文名称是"Black-faced Spoonbill"。

觅食的黑脸琵鹭
深圳湾 2012.01.29

黑脸琵鹭觅食的方法通常是将小铲子一样的长喙插进水中，半张着嘴，在浅水中一边涉水前进一边左右晃动头部扫荡，通过触觉捕捉到水底层的鱼、虾、蟹等各种生物，捕到后就把长喙提出水面，将猎物吞吃。

戴着环志的黑脸琵鹭
深圳湾 2007.11.28

环志是将野生鸟类捕捉后套上人工制作的标有唯一编码的脚环。给鸟类戴上环志再放归野外，用以搜集研究鸟类的迁徙路线、繁殖、生长与死亡状况。

每年 10 月下旬，在陆续南下的候鸟中，黑脸琵鹭是最被深圳人盼望和喜爱的客人。它们姿态优雅，一身雪白的羽毛强烈地衬托出一张琵琶形的黑嘴巴。它们如熊猫般可爱，也如熊猫般珍贵，是世界"极度濒危"鸟类，2021 年升级为国家一级保护动物。

深圳湾曾是黑脸琵鹭的全球第二大越冬地。由于这些年深圳湾不停息地填海，加上海水污染、高楼林立，在深圳停留的黑脸琵鹭减少，一部分黑脸琵鹭选择到对岸香港的米埔自然保护区落脚。

黑脸琵鹭的命运跌宕起伏。1989 年，因为环境的恶化和人类的捕杀，全球仅剩下 288 只，比大熊猫还少。1995 年，数十个国家和地区在中国台湾共同起草《黑脸琵鹭行动纲领》，全球联手保护黑脸琵鹭，"黑面舞者"生机再现。

2021 年全球已观察到的黑脸琵鹭总共 5222 只，其中台湾有 3132 只，占全球总数的 60%，深圳红树林自然保护区和香港米埔自然保护区一共有 393 只，占全球的 14%。在日本、韩国以及中国的台湾、海南岛等全球观察地中，深圳和香港的黑脸琵鹭数量也在稳定上升。

1990 年，某财团准备在黑脸琵鹭栖息地台湾台江沿海开建"钢铁城"，遭到民间环保人士反对，经过 16 年博弈，"钢铁城"下马，台江改为国家公园。黑脸琵鹭逼退钢铁城，成为民间发力、政府协调、企业退让共同保护生态环境的经典案例。

飞翔中的黑脸琵鹭 深圳湾 2010.01.03

黑脸琵鹭飞行时姿态优美而平缓，颈部和腿部伸直，有节奏地缓慢拍着翅膀。停留时喜欢聚集在海边潮间地带、红树林以及咸淡水交汇的基围上觅食。我在红树林里最多时见到过 30 只以上的黑脸琵鹭聚集在一起，更多的时候它们是与大白鹭、苍鹭等涉禽混杂在一起。黑脸琵鹭性情温和，不太好斗，和其他鸟类大多能和平相处。

除非你能证明它们不快乐

Mountain

金斑虎甲

老虎石 2012.06.03

老虎石上你情我愿的金斑虎甲。

在深圳的山野里行走，常常会看到缠绵的动物，它们天当被、地当床，无遮无掩，动作在人类看来像玩杂技一样有高难度，但落落大方，举止坦然。它们没有觉得性爱活动是一种隐私。

美国生物学家马克·贝科夫在《动物情感生活》中说："我不知道蚊子，至于哺乳动物，它们显然可以享受到性愉悦。"贝科夫认为，动物不仅喜欢性行为，它们还可能有性高潮。虽然很难直接测量，但通过观察面部表情、身体运动状态和肌肉松弛程度，得出的结论是：动物可以达到性高潮。

在内伶仃岛上看到过一对猕猴，依偎着坐在礁石上望着大海，时不时抱住恩爱一下，接着再安静地望向大海，愉悦放松得一塌糊涂，只是每次恩爱时间很短，大约只有四五秒钟。短暂的缠绵时间里，两个家伙会发出并不悦耳的嘶叫声。我想，对它们来说，那一定是愉悦的呻吟。

在马料河溪谷里看到一对正在交配的蜻蜓，紧紧抱在一起，在空中上上下下地飞翔，让我想起电影《远离非洲》里，丹尼斯驾着一架只能坐两个人的飞机，带着凯伦掠过非洲草原。只是，蜻蜓知不知道在飞翔中做爱是多么浪漫？

食欲、性欲和自我保护是动物生活的三个支配力，只是我们实在不了解动物的情感世界。动物的性交纯粹是繁衍的本能，还是也懂得享受性愉悦？人类是不是唯一在性交时不一定考虑繁衍的物种？

如果不是为了愉悦，仅仅为了繁衍，大自然会有那么多生生不息、世代延绵的生命吗？贝科夫的结论是："动物享受性爱，体验性高潮，有着无可争驳的进化上的原因。我们的看法是，动物可以享受到性愉悦，体验到性高潮。除非你能证明它们不能。"

猕猴 内伶仃岛 2012.10.06

在内伶仃岛见到成双成对的猕猴，恩恩爱爱，相依相偎，梳理毛发，中间时不时交配一下，每次交配的时间不到5秒，彼此爱抚的时间却很长。

稻蝗 抛狗岭 2012.11.08

北方家乡有首民歌里唱道："宁让皇上的天下乱，不让咱俩的关系断"。伴随这对秋后蚂蚱的欢乐，要唱一遍这首歌：管他天崩地裂，管他岁月更迭，管他秋风袭来，日子无多，我只要这一刻的激情……这一刻我们相依相偎，这就够了，这就足够了。

梨花迁粉蝶 大龙村 2012.06.28

在蝴蝶的世界里，男多女少的状况较为常见，有些雌蝶刚刚从蛹羽化成蝶，就已被雄蝶抢了先机。有种春凤蝶的雄蝶在交配后还顺势分泌胶状物，将受精卵包住，使雌蝶不能再接受其他雄蝶的求欢，导致在山野里常常见到这种"姑娘冷淡、小伙猴急"的场面。

泛光红蜻

长岭溪谷 2012.10.06

长岭溪谷里泛光红蜻们火辣热闹的场面，是集体婚礼吗？是末日狂欢吗？其实没有那样复杂，因为有树干流出的美味汁液，或者有鲜嫩可口的树叶，或者有香喷喷的蜜源花丛，某一类昆虫会不约而同赶来聚餐，食色性也，大家顺便一起把繁衍应该做的事也做了。

斑腿泛树蛙

围岭公园 2012.05.16

不要以为这是蛙妈妈背着蛙宝宝，围岭公园里的3只斑腿泛树蛙正在上演"王老五抢亲"的场面，一对正在恩爱交配，另一只不甘寂寞，也跑上来掺乎一把。

沙蟹　西冲　2011.08.24

上面大个子小钳子的是雌性，下面大钳子小个子的是雄性。

玄珠带蛱蝶

马峦山　2006.01.02

人们一般把昆虫的交配叫作交尾，因为大部分昆虫不管采用什么体位，最终都是尾对尾。

蝴蝶是十分敏感的昆虫，如果受到惊扰，这对伴侣会马上飞起来，一边飞行一边完成应该完成的事。雄蝶会收起翅膀，缩起身子，专心享受性爱，只是雌蝶会辛苦一些，拖着雄蝶飞行，寻找下一个安全的落脚处。我们应该怜香惜玉，下一次在山野里见到缠绵的蝴蝶，远远欣赏就好，不要去惊扰它们。

姬兜　南山公园　2012.06.12

南山公园里，一对姬兜正在恩爱，不识趣的第三者却来争夺配偶。

在山野，遇到数量多、有群居习惯的昆虫时，常常会见到第三者插足的场面，有意思的是，这些插足者清一色都是雄性。

黑翅长脚鹬

红树林保护区　2008.03.02

红树林保护区里一对正在完成繁衍大事的黑翅长脚鹬。在鸟雀的世界里，90%是一夫一妻，其中大部分夫妻还会一起并肩完成孵卵、喂养下一代的任务，其余10%的雀鸟会选择一妻多夫或一夫多妻的方式，这是它们在漫长的进化后确定的最佳的繁衍方式。

即使是一夫一妻的鸟类，有时也有出轨和偷情现象，但这无关于道德，雌鸟寻求外遇是为了使后代获得优秀的基因，而雄性动物则是希望能有更多的儿女。

大蚊

七娘山　2013.07.23

七娘山脚下的这对恩爱的大蚊，落在更衣室前的镜子上，上演了一出"镜花缘"。

大蚊的体格比大拇指还长，我们会想，这样巨无霸的蚊子叮到人会起多大的包啊？实际上，大蚊并不叮咬人，也不叮咬其他动物。

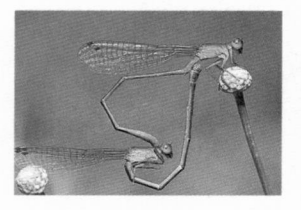

豆娘

豆娘浪漫而又高难度的恩爱姿势。

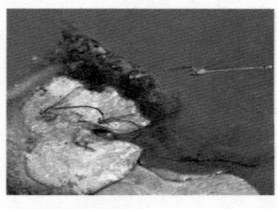

清林径 2012.04.04

在交配结束后，有的雄性豆娘还会用串联的方式陪伴雌豆娘在水中产卵。雌豆娘的尾部在水中一点一点，将卵产在水中。这就是我们常说的"蜻蜓点水"。

最浪漫的恩爱姿势

在山野里，常常遇到正在交配的豆娘和蜻蜓，它们有时会摆成浪漫的心形。

难道它们真的有那么高的情商？

事实上，雄性豆娘和蜻蜓一样，生殖器长在腹部，而雌性豆娘的生殖器长在尾部末端。交配时，雄体豆娘用腹部末端的抱握器握住雌体豆娘的头或前胸，引诱雌性豆娘，而雌性豆娘也会积极回应，默契地将腹部弯曲，与雄性豆娘连接，无意中构成了心形图案——这样浪漫的造型有时只持续数秒钟，有时会持续数小时。

无视外界的一切干扰，专注地变换着各种动作花样，一对豆娘完成心愿后，尽职尽责的雄性豆娘还会继续体贴地陪伴雌性豆娘在水中产卵。

最卑劣的求爱手段

水黾（mǐn）

为了获得爱情，为了延续后代，雄性水黾会使出卑劣的手段。

深圳溪水清澈的溪谷里，会遇到在水面轻盈滑行的水黾，我们常叫它"水马""水板凳"。

水黾每秒可在水面滑行 100 倍于身体长度的距离，这相当于身高 1.8 米的人在以每小时 300 千米的速度游泳。

科学家们发现，雌性水黾的生殖器上有一种可以控制开合的护瓣，这种"生殖盾"就好像古代妇女的"贞操带"，只有在雌性愿意打开护瓣的情况下，雄性才能实现交配。渴望交配的雄性在遇到不愿打开"生殖盾"的雌水黾时，会爬到雌虫背上，然后用脚轻轻在水面敲击，制造出微小波纹。科学家们推测：这些我们用肉眼几乎看不见的小波纹对水面上的昆虫是致命的，会引来掠食的鱼、青蛙和其他天敌。只要雌水黾不同意交配，雄水黾就不会停止拍击水面。为了活命，雌水黾会乖乖就范。

用性命威胁和利益要挟，来向异性索取性，雄水黾的求爱手段应该是动物世界里最卑劣的了。

"把妹"的手法

M o u n t a i n

报喜斑粉蝶 洞背后山 2012.11.22

洞背后山上一对如胶似漆的报喜斑粉蝶。

雄蝶对情爱、交配、繁衍后代的渴望是如此强烈，以至于有的雄蝶会根据气味判断出还未羽化的雌蝶蛹，守候在旁边，等雌蝶脱壳。雌蝶刚刚伸展翅膀，雄蝶就上去完成交配。

有时，一只雌蝶落入蜘蛛网中，不能动弹，危在旦夕，依然有雄蝶在它身边流连，有的雄蝶甚至会飞上去冒死完成交配。

　　和人类一样，在动物界，两性间的追逐大都是雄性主动，"把妹"的手法花样百出，不亚于人类。使尽浑身解数的目的是为了召唤、吸引、接近、确定身份最后实现交配。万物萌动，情欲勃发，观察动物交配前为了获得芳心所做的种种努力，会更加理解生命的美丽。

　　动物的"把妹"招数大致有以下几种。

　　气味撩拨法：把自己的雄性激素散发到空中去，吸引异性，唤醒欲望。在山野里留意雄性斑蝶的尾部，会看到黄色的毛簇，那是专门用来发出雄性气息，吸引雌蝶的。

　　动作吸引法：在异性前舞蹈，显露强壮的体魄，用体力和耐力追逐、击败对手，都是用体能获取芳心的方式。

　　光影迷离法：用躯体、羽毛绚丽生动的色彩吸引对方，鸟儿和蝴蝶是这方面的高手。至于萤火虫，干脆在黑暗中用一闪一闪的光亮传递信号，吸引对方。

　　声音魅力法：蝉的鸣叫、鸟的啼声、蛙的呼喊……都有爱的信息、性的信息在传递。

　　物质引诱法：草丛里的雄蝎蛉（líng），会向雌性送上食物，赢得芳心。虽然大多数动物的两性关系不像人类那样和利益紧紧挂钩，但也存在着物质交换和利益交易。

　　大自然中，生命的繁衍充满艰辛和危险，能成功交配的概率有时非常低。为了繁衍种群，为了延续后代，在本能天性的驱动下，各种生命用尽各种各样的"把妹"手法。

瓜绢螟（míng）　仙湖植物园 2012.10.01

随身携带着"绣球"的雄性瓜绢螟是个不折不扣的调情高手，发情后尾部的翻缩腺会不断地跳动，如一朵盛开并舞动的菊花，发出性的气息，诱惑雌性。有研究证实，有的蝶蛾性腺散发出的"荷尔蒙"气息会让数百米远的异性嗅到，循味而来，一亲芳泽。

黑眶蟾蜍
梅林水库 2008.03.12

梅林水库里一对正在恩爱的黑眶蟾蜍。

体格较小、在上面闭着眼睛一副享受模样的是雄性。

雄性黑眶蟾蜍的婚垫
2009.12.12

每到求偶和交配季节，雄性蛙和蟾脚掌的内侧会长出肉垫，上有角质的刺，方便在交配时抱紧雌性，这样的肉垫有一个香艳的名称："婚垫"。

黑脸琵鹭　深圳湾 2012.05.17

什么是比翼双飞？深圳湾的这对黑脸琵鹭应该就是了。

多达 90% 的鸟类是"一夫一妻"制，其中大多共同抚养后代，黑脸琵鹭也不例外。选择好配偶后，黑脸琵鹭就开始一起筑巢，此期间情意绵绵，一边忙碌，一边交配，筑巢已成为它们繁殖行为的一部分。修建新房会刺激它们的性生理成熟，身上会发出浓烈的性的气息，相互吸引着对方。

喙（huì）丽金龟
清林径 2011.06.05

已过世的戴安娜王妃生前曾无奈地说：在这段婚姻里，三个人有点挤。这三只喙丽金龟也是这样的境况，只是现场一片混乱，无法知道哪一位是第三者。

驼螽 梅林水库 2012.07.19

在昆虫中，驼螽应该是特别慷慨有风度的情哥哥了。交配前，它会和心仪的对象用长长的触角爱抚对方。交配时，它会排出一个叫"精托"的营养囊（图中白色的东东），送给雌性让它咬食补充体力，准备生儿育女。

非洲大蜗牛
梧桐山 2010.07.30

非洲大蜗牛又当爹又当娘，雌雄同体，都可以生养下一代。奇妙的是它们还相互交配，交配时双方用阴茎反复刺激对方的生殖孔，时间一般2个小时，最长可达4小时，交换精子后完成交配。

猕猴 内伶仃岛 2011.12.22

内伶仃岛上的相依相偎的一对猕猴。

内伶仃岛上的野生猕猴是深圳境内除人类之外唯一的灵长类动物，也是深圳除人类之外最高智商的社会组织结构——母系社会的成员。

研究证明，公猕猴为母猕猴梳理毛发，不仅是表达友情和亲情，而且还能换取更多的交配机会。

竹节虫　梧桐山　2012.07.07

梧桐山里的一对在交配的竹节虫。

大家可不要认为纤细柔弱的是竹节虫姑娘，其实最左边的那个是小伙子，中间膀大腰圆的才是姑娘。最右边的是真正的树枝。许多昆虫因为要孕育后代，雌性往往比雄性体格要大。

竹节虫低调、腼腆，不仅尽量把自己伪装成树枝，连求食和交配也都尽量选择在晚上。

全世界的母亲多么地相像

M o u n t a i n

产卵的棉蝗　梧桐山　2012.10.06

棉蝗又叫大青蝗，通体青绿，身体粗壮，是蝗虫家族的"巨无霸"。因为体型大，密布着粗刺的后足弹跳有力，因此得了一个非常有气势的别名叫作"蹬山倒"。这位棉蝗母亲，正是用着蹬山倒的气势，将粗短的产卵瓣竭力插入登山道的水泥地缝隙中。这种尽全力留下后代的作风，是动物界每位母亲不可磨灭的天性。

　　在深圳这个移民城市里，因为远离故乡，因为和亲人天各一方，对母亲的爱与思念格外强烈。

　　在生物漫长的进化历程中，大自然赋予了众生各种神奇的力量，其中最为神秘的、蕴藏在基因最深处的力量就是母爱。每种生物诞生于世，无不靠伟大的母亲给予生命。美国诗人惠特曼说："全世界的母亲多么地相像！她们的心始终一样。每一个母亲都有一颗极为纯真的赤子之心。"

　　母爱是世上最无私的情感，而母爱也并不是人类的专利，从低等动物到高等动物，都有母亲为后代尽职尽责地付出，甚至不惜牺牲自己的生命。

　　动物的情感是伟大的，它们用各自的方式表现了对子女本能的爱护，可是与人类相比，这种爱还是有局限性的，它们只能守护、哺育幼仔，并教会幼仔简单的生活技巧。无论如何，人类都是区别于其他动物的高级动物，具有第二信号系统，可以用语言传达给下一代更多的东西，并且从孩子出生前后都能给予更为理性和有效的呵护，不仅将孩子健康地抚养大，更可给予其思想上的教育。因此人类的护幼是本能与思维感情的结合，深沉且多样化。"谁言寸草心，报得三春晖。"我们人类作为有思想有灵魂的高等动物，在这一点上区别于其他动物——我们会用感恩和孝顺回报父母亲。

一只正在护卵的虾虎鱼

大鹏湾 2013.08.20

将卵团抱住的蜈蚣

梧桐山 2008.07.12

蜈蚣妈妈在产卵时会将身体蜷成“S”形，卵经由身体末端生殖孔排出，并在第八、九体节的背板上粘结成一团，然后蜈蚣巧妙地翻转身来将卵团抱住，不吃不喝，直到卵团孵出为止。小蜈蚣刚孵化出来时，蜈蚣妈妈也不敢掉以轻心，还是用它的多对足紧紧抱住那些白色柔软的幼体。这些小家伙孵化 20 天后，才会自行散开和觅食。

蠼螋（qúsōu）

梧桐山 2008.05.09

蠼螋长着剪刀状的尾铗（jiá），它用这把利器捕食其他小虫。这种看似剽悍的昆虫却是一个模范母亲，在孩子出生后寸步不离地趴在卵上，除了守护，还会用足沾取口器分泌的液体，清洁卵的表面，防止卵发霉或者感染；若虫孵化后还会用心呵护它们，用尾铗吓退敌人，找食物给若虫吃，一直到若虫能独立活动散去后才会离开。

家燕　坪山 2011.05.23

观察一个满是幼燕的燕窝时，会发现忙碌的父母大约 5 分钟就要飞回来一趟，给嗷嗷待哺的孩子喂食。一窝长了 10 天的家燕幼鸟，每天要由亲鸟喂食近百只昆虫才能填饱肚子。家燕每窝产卵 4—6 枚，父母双亲共同孵化 15 天左右。出壳后，亲鸟共同饲喂孩子 20 天，雏鸟方能初飞。亲鸟再饲喂 5—6 天，雏鸟有了独立活动能力就会离开父母远去。

正在将卵掩藏起来的变色树蜥

梧桐山 2013.05.31

在枯叶蛾的卵上产卵的小蜂

梅林后山 2009.08.30

这堆青绿可人，还带着天珠般花纹的东西，是枯叶蛾在树枝上产下的卵。盘踞在卵上的小蜂是一位自私的母亲，它用腹部末端尖利的产卵器刺破枯叶蛾的卵壳，在里面产下了自己的后代。小蜂的卵孵化后就有充足的营养来源，而枯叶蛾的卵将无法孵化出后代。自然界原本就弱肉强食，动物们都进化出了自己的本领更多地繁殖，我们也不能苛责这位自私的母亲，这是漫长年代刻入基因的法则和爱子之道。

慈鲷（diāo）：把儿女含在嘴里

　　传宗接代是动物的本能，也是物种繁衍最基本的保证，动物为了呵护下一代，用尽了智慧和能力。大鹏湾里母慈鲷保护儿女的场面，温馨而令人感动。

这是一只正在照顾慈鲷宝宝的慈鲷妈妈，注意它隆起的下巴。

到了安全的地方，慈鲷妈妈就把宝宝们吐出来，让宝宝们自己觅食、玩耍。

慈鲷妈妈就在边上陪着宝宝们，用慈爱的目光注视着它们，并警惕地观察着四周的动静。

慈鲷妈妈口中含着所有的宝宝安全离开。

不好，有危险！慈鲷宝宝秩序井然地迅速撤回到妈妈口中藏好。

为了孩子，她们放弃了打扮自己的权利

　　在南方，太阳鸟被叫作"朱雀"，是国人心中的瑞鸟。颜色艳丽的叉尾太阳鸟是深圳常见的留鸟，体格还没有一部 iPhone 大，喜欢飞到刺桐花的枝头食蜜，加上它可以在花朵前悬飞，常常被人误认为是蜂鸟。

　　留心观察雄性叉尾太阳鸟和雌性羽毛颜色的不同。与人相反，在鸟雀的世界里，雄性装扮得更加鲜艳，尤其在嘉年华似的繁殖季节，雄性鸟雀会长出绚丽的繁殖羽和婚姻色，吸引雌性，而雌性为了准备孵卵，羽毛的颜色反而更加朴实和低调，尽量不醒目招摇，和环境的色彩能融合在一起，这样才能安稳地在巢中孵化后代。

雌性叉尾太阳鸟

深圳湾 2006.03.23

雌性叉尾太阳鸟（大图）不如雄性鲜艳。

雄性叉尾太阳鸟

深圳湾 2011.03.20

长大后，我就变成了你

M o u n t a i n

饰纹姬蛙 笔架山 2013.04.14

笔架山上这只饰纹姬蛙的蝌蚪，模样和它的母亲是多么不同！

笔架山 2010.08.22

　　深圳是一个城市吗? 是，在这片不到 2000 平方千米的土地上，矗立着数千栋高楼大厦，奔跑着 370 多万辆机动车，2021 年居住着 1700 多万人，它是整个中国人口密度最大、最拥挤的城市之一——平均每平方千米生活着近 8800 人。

　　深圳仅仅是一个城市吗? 不是! 它有亚热带丛林覆盖的山岭，有淡水和海水交汇的湿地，有养育了深圳先祖的河流，有延绵 200 多千米的中国最美海岸线。丰富多变的自然环境养育了繁茂的生命，在深圳观察到的鸟类占全中国的四分之一，在山野里飞翔着 200 种以上的蝴蝶，100 种以上的蜻蜓，生长着 2000 多种原生植物，深圳东部的海底，仅珊瑚就有近 80 种……

　　那些水里游荡的小鱼、天空掠过的鸟儿、草丛里鸣叫的昆虫、路边盛开的野花，在我们看来无忧无虑、快乐地生长着。其实，所有生命的生长过程都不容易。大亚湾海底的小丑鱼妈妈，一次就会产下上百只鱼卵，但孩子们要躲过缺氧的窒息、天敌的猎食、疾病的威胁、人类的捕捞，能长大成鱼的寥寥无几。七娘山上的一株油甘子，从种子落地发芽那一天起，就要经历动物的啃食、爬藤的束缚、周边植物对阳光与营养的争抢、病虫的侵害、山火的烧灼、人类的砍伐……即使生长成树，10 多年后，也不到碗口粗，一圈一圈的年轮记载了它所经历过的危险和艰难。

　　父母和孩子都应该明白: 不仅仅是人类，所有生命的成长都有烦恼，都有磨难，也都有挫折和失败。但，所有的快乐与收获，也都源于成长——这也正是生命之所以灿烂和迷人的原因吧。

红耳鹎（bēi）

红耳鹎幼鸟　中心公园 2009.08.30

中心公园里 4 只饿极了的红耳鹎幼鸟。

一只红耳鹎破卵而出后，光溜溜、红扑扑，连眼睛都睁不开，一般 20 天左右就要长到羽毛丰满，离开父母独立飞翔，这期间需要大量食物补充营养，所以它们总是一副饥肠辘辘、嗷嗷待哺的样子。

因为昆虫比植物含有更多的营养和蛋白质，几乎所有的鸟儿在养育幼鸟期间都会捕捉昆虫喂养后代，即使平时以植物为食的鸟儿在哺育期间也会大开杀戒，给儿女吃荤。这四个贪婪的小家伙每天要吃掉父母捉回来的近百条昆虫。所以，鸟儿对控制昆虫的数量以及农作物病虫害的防治有着惊人的作用。

红耳鹎成鸟　中心公园 2012.04.14

林夜鹰

这是深圳殡仪馆屋顶上的一只林夜鹰幼鸟。等它的眼睛完全睁开后，就会看到人们生离死别的场面。

林夜鹰的妈妈产下蛋后，爸爸妈妈会轮流孵卵，只是它们有点偷懒，通常连窝都不盖一个，直接将卵下在森林中裸露的地上或屋顶上。这一家林夜鹰和熙熙攘攘的人群那样近，却没有受到侵扰，大概是因为人们在殡仪馆这种和亲朋好友永别的地方，多了几分不忍之心。

留心观察各种幼鸟，羽毛大都是灰扑扑的，和环境相融合，不像成鸟有鲜艳醒目的颜色。这是千百年来遗传下来的保护色——在最没有逃跑和反抗能力的幼年，尽量隐蔽自己，避免伤害。

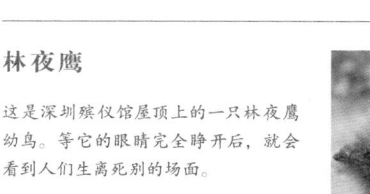
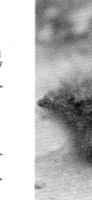

林夜鹰幼鸟和卵

沙湾 2005.11.05

林夜鹰成鸟

东方菜粉蝶

↓　东方菜粉蝶的卵

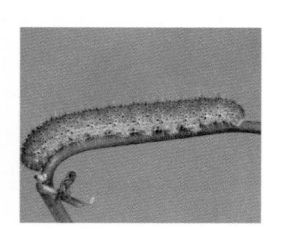

↓　东方菜粉蝶的幼虫

↓　东方菜粉蝶的蛹

东方菜粉蝶的成虫

一只东方菜粉蝶的成长过程，讲述了生命的传奇故事。

蝴蝶是完全变态的昆虫，一生要经过卵、幼虫、蛹和成虫四个阶段。人们常用"蝶变"来形容经历了痛苦和磨难后的进步和升华。

玉带凤蝶

玉带凤蝶的幼虫　羊台山 2012.04.02

雄性玉带凤蝶　2010.07.23

看得出来吗？我是一只玉带凤蝶，我刚刚从卵中出来，是一只幼虫，随后，我还会化成蛹，然后会变成一只美丽的花蝴蝶。如果我长成了爸爸，就是上边的模样，如果长成了妈妈，就是下边的模样。

雌性玉带凤蝶

荔蝽

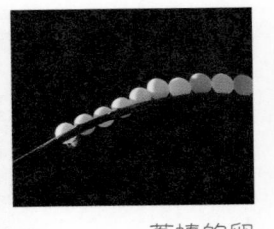

荔蝽的卵
凤凰山 2012.04.08

正在从卵中
孵出来的荔蝽
塘朗山 2012.04.07

荔蝽成虫
梅林后山 2005.05.12

荔蝽是深圳最常见的昆虫之一。它主要生活在荔枝、龙眼树上，吸食花、幼果和嫩梢的汁液，是果农最厌恶的害虫之一。

小丑鱼

即将孵化而出的小丑鱼

小丑鱼 大亚湾 2012.09.11

小丑鱼一次会产下上百只鱼卵，但能长大成鱼的寥寥无几。

小猕猴和妈妈
内伶仃岛 2013.01.27

相比深圳其他野生动物的童年，内伶仃岛上小猕猴可以说是最幸福的了。

首先，它们生活在国家级的内伶仃岛自然保护区，人迹罕至，只要和人类能保持一定的距离，实际上就远离了最大的威胁。

其次，内伶仃岛上丛林茂密，食物充足，从山岭的峭壁巨石到海岸边的参天大树，都是猕猴自由嬉戏游玩的场所。在岛上，除去巨大的蟒蛇外，它们几乎没有天敌。

1984 年，内伶仃岛的猕猴数量是 200 只，现已增加到 1200 多只。

美丽微世界

M o u n t a i n

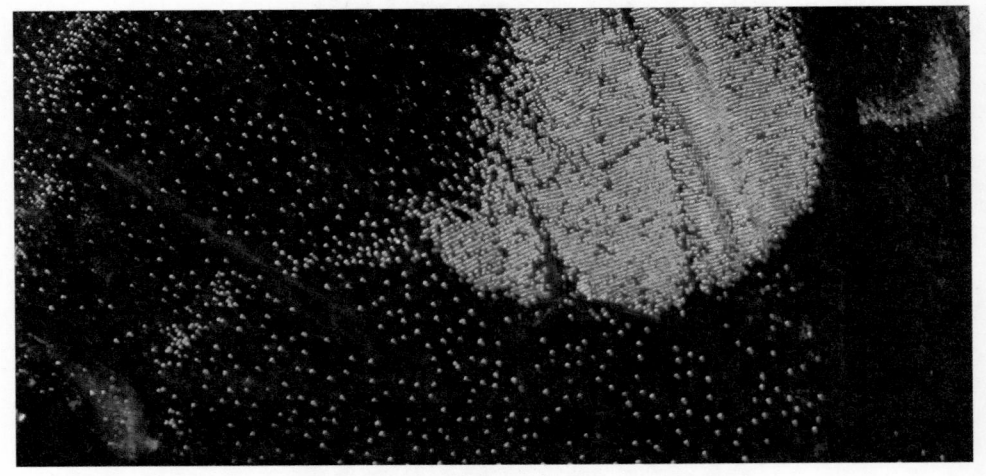

巴黎翠凤蝶的翅膀

马峦山 2013.06.01

这是星空吗？这是银河吗？不是，这只是巴黎翠凤蝶的一片翅膀。

夏日，在马峦山的溪水边，看到了一片落在地上已经枯死了的巴黎翠凤蝶，捡起来，展开它的翅膀，放在阳光下仔细打量。那一刻，我想，如果有上帝的话，翅膀上面的图案一定是神的告示：在大自然面前，请你们一定要明白人的卑微。

在深圳的山岭、溪水和海岸边，我们能观察到的生物，其实只是自然界生物中极小的一部分，我们看到的飞翔的鸟、盛开的花、忙忙碌碌的昆虫和游游荡荡的小鱼，仅仅是生物界的沧海一粟。

在山野里，如果我们抓起一把泥土，里面会存在着 500 亿种以上的微生物；而 1 平方米的土地上，至少有 1000 种不同的无脊椎动物。

我们关注和喜爱熊猫、长颈鹿、大象、白鹭、蝴蝶是因为它们体积庞大、外表美丽、动作可爱。其实苍茫的大地上蕴藏的生命大多数既不美观又不引人注目，像被达尔文称为地球上最有价值的动物蚯蚓，疏松土壤，肥沃土地，分解人类排放的有机垃圾。此外，蠕虫、蚂蚁、尘螨、藻类、霉菌和细菌可以将动植物的尸体分解转化成植物所需的主要的养分。就在我们自己的身上，也生存着比细胞多十倍的细菌，它们分解食物，阻挡外来细菌的侵袭，如果没有它们，我们根本无法活下去。

所有的物种都是平等的，自然界没有害虫益虫之分，所有的生命都是进化后大自然的选择，都在生态系统中承担一个不可替代的角色。熊猫、华南虎、北极熊、黑脸琵鹭这些保护动物的重要性，没有胜过蚯蚓和尘螨。相反，后者更与我们的日常生活息息相关，所有的物种，所有的生命，不论大小、强弱、美丑，无论肉眼能否看得见，都值得我们去尊敬。

扁脑珊瑚

大鹏湾 2013.05.25

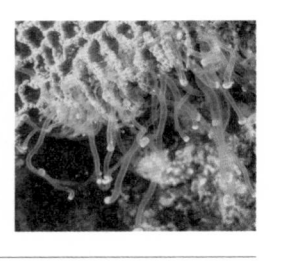

大鹏湾海底，扁脑珊瑚透明的触手。细小的触手上带有毒刺细胞。

扁脑珊瑚用触手进食，同时也用触手清理周边生物，为自己拓展生存空间。

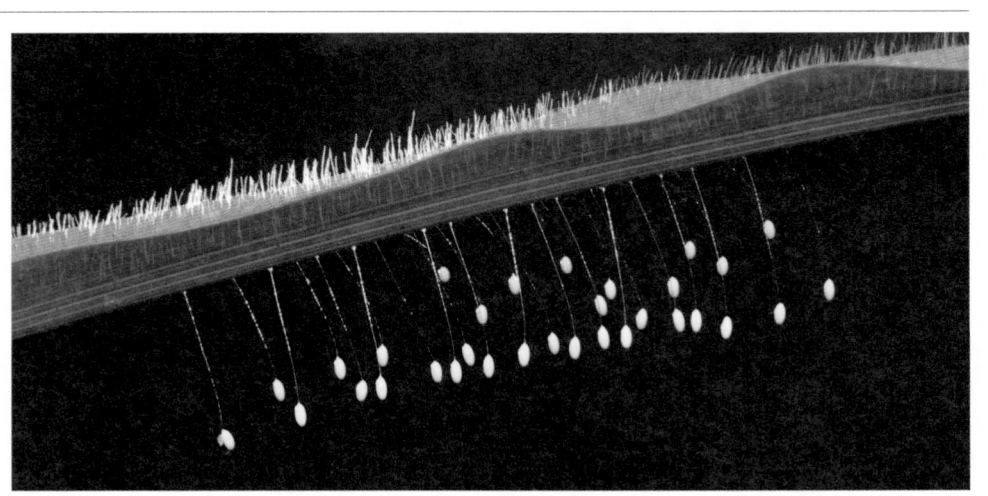

草蛉虫卵

梅林后山 2011.08.07

微距镜头下，草蛉母亲的杰作犹如神物。草蛉每次产卵前，先分泌出细细的长丝，再把卵产在细丝的顶端。这样，就可以防止其他昆虫的幼虫吃掉还没有孵化的卵。

蜉蝣 (fú yóu) 梅林后山 2012.09.23

已被开发自然步道的梅林后山，似乎总和远古有些关联，有侏罗纪年代恐龙的食物桫椤，有世界上最古老的树种之一苏铁。2011年的夏天，又遇到了一只蜉蝣，最原始古老的有翅昆虫——早在3亿年前的古生代石炭纪，蜉蝣就已振翅穿行于蕨类植物形成的森林中。

这只在水中出生的蜉蝣，爬出水面后在叶片上蜕变为成虫，24小时后就将告别这个世界。这期间它连东西都不吃，完成交配产卵后就离开世界。

橙粉蝶的卵 2011.12.21

显微镜头下的橙粉蝶卵。

作为变态昆虫的蝴蝶，一生要经过卵、幼虫、蛹和成虫四个阶段。从肉眼几乎看不清的卵，到翩翩飞翔的生命，一只蝴蝶用生长告诉我们，万事皆有可能。

黑桫椤叶片上的孢子

仙湖植物园 2012.03.03

国宝级植物黑桫椤的叶片上面布满孢子。桫椤是现存唯一的木本蕨类植物，它不开花，也不结果实和种子。在它的叶片背面有许多孢子囊群，孢子成熟后随风飘散，落到土壤中，逐渐发育成胚后长成一棵新的桫椤。

蝽象卵

梧桐山 2011.09.01

一片叶子上蝽象产的卵。

蝽象就是我们俗称的"臭板虫""臭大姐"，有臭腺孔，能分泌臭液，在空气中挥发成臭气。它们的父母不招我们喜欢，它们的孩子却如此可爱。

细足捷蚁正在收获吹绵蚧（jiè）的蜜露

梧桐山 2013.02.24

梧桐山，一小节灌木的枝丫间，大有乾坤——一群细足捷蚁正在收获吹绵蚧分泌的蜜露。

细足捷蚁被世界自然保护联盟（IUCN）列为100种最具破坏力的生物之一。它们既是"拾荒者"，又是"游猎手"——可以猎食比它们身体大几倍甚至几十倍的动物。

一花一天堂

横排岭，簕杜鹃的花，只有米粒大小，像个小漏斗。

簕杜鹃花朵没有香味，又太小，为了吸引蜜蜂或蝴蝶来为它传花授粉，它将紧贴花瓣的苞片增大，"染"上多种艳丽的色彩，酷似美丽的花瓣，招蜂惹蝶，达到传宗接代的目的。

簕杜鹃是深圳的市花，也是惠州、三亚、北海等十几个城市的市花，是深圳街道和小区里常见的色彩丰富的植物。

微距镜头下的簕杜鹃 横排岭 2013.07.23

一沙一世界

显微镜下的一粒沙子

每一粒沙子都经历了一段漫长的故事——它们从火山灰、侵蚀的山脉、死亡的生物体甚至老化的人造物体演变而来。这一粒海沙，最早是火山喷发时留下的岩石，上亿年里，海水对岩石永不停息地侵蚀和冲刷，让易溶于水的成分比如石灰岩流失，而坚硬的石英却保留了下来，经过天长日久的风化，大块的石英会逐渐破碎成小块，又经海水反复磨砺，终于变成了岸边一粒晶莹的海沙。

令人尊敬的蚂蚁哲学

M o u n t a i n

黄猄（jīng）蚁

洞背后山　2012.12.16

正在把猎物运回巢的黄猄蚁。

黄猄蚁是深圳最常见的蚂蚁之一，体长只有1厘米，却是强悍的肉食动物，不仅猎食比自己体格大几十倍的昆虫，还捕杀其他蚂蚁。

　　蚂蚁是深圳最常见、数量最多的昆虫，也是这个城市里除人之外最有组织性和社会性的动物。它们和人类相似的地方有3个：一个群体里能相互合作照顾下一代，后代能在一段时间里照顾上一代，具有明确的劳动分工。

　　即使体积最大的蚂蚁也不及人类体积的十万分之一，但这种小动物的智力、协作和纪律性却让人叹为观止。美国学者吉姆·罗恩说："多年来我一直给年轻人传授一个简单但非常有效的观念——蚂蚁哲学。我认为大家应该学习蚂蚁，因为它们有令人惊讶的四部哲学。第一部：永不放弃；第二部：未雨绸缪；第三部：满怀期待；最后一部：竭尽全力。"

　　全世界已知的蚂蚁种类有15000多种，深圳有30多种。非凡的生存技能让这种微小的昆虫遍布深圳各个角落，成为数量最庞大的昆虫军团。

全异巨首蚁

梧桐山废弃巡逻道 2009.08.23

同一族群中体格相差几倍的全异巨首蚁。

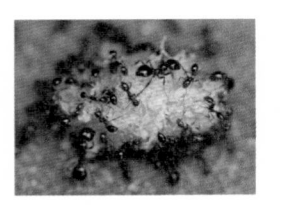

臭蚁 大望村 2008.03.27

分享的团队——在白楸的蜜腺点上取食的臭蚁。

蚂蚁发现了食物，除了衔一小块回巢之外，沿途还会记得分泌芳香讯号也就是信息素，通知同伴前来共享，再返回时还能辨认出路途。

蚂蚁走路时，身体会释放出一种特别的气味，这种气味只有蚂蚁才闻得到。前面的蚂蚁行走，后面的蚂蚁靠这种气味紧紧地跟上，一只接着一只，这就是我们常常见到的蚂蚁排队。

猎手与猎物

马峦山 2012.06.03

马峦山里，蒙瘤犀金龟胖乎乎的幼虫在蚂蚁的围攻下痛苦地挣扎。每只蚂蚁的身体还没有猎物身体的千分之一大，但数十只蚂蚁合力，这只庞然大物最终还是成了蚂蚁的大餐。

多刺蚁

梧桐山 2010.11.29

这对多刺蚁是在亲吻吗？不是，它们是在互相喂食。这个现象称为交哺，是社会性昆虫的利他行为。在自然界，有些单体动物没有很高的智力和能量，但通过合作可以完成复杂和浩大的任务，蚂蚁和蜜蜂是最典型的例子。

是牧民也是奴隶主

蚂蚁有一个非凡的能力就是"放牧"蚜虫获得美食。

蚜虫又叫蜜虫，它们吸食植物的液汁，排泄出黏稠透明的甜液——蜜露，这是蚂蚁极度喜爱的"奶汁"。蚂蚁会看守着这些蚜虫不受瓢虫或其他捕食者的伤害，并不时用触角刺激蚜虫的腹部，让它们持续分泌"蜜露"，犹如牧民饲养奶牛。

当一个枝叶上的蚜虫繁殖过多时，蚂蚁会把它们搬运到新的枝叶上，犹如牧民寻找新的牧场。蚂蚁有时会把蚜虫的卵保存在蚁穴中，小蚜虫孵化出来后，蚂蚁马上小心地把它们送到嫩枝上，就像人们把奶牛牵到青草地一样。

从表面上看，蚂蚁和蚜虫都从这种共生关系中受益，但科学家已发现，蚂蚁分泌了一种化学物质，用来镇定蚜虫并且抑制蚜虫翅膀的生长，使它变得安静而动作缓慢，更加听从蚂蚁的控制。事实上，"蚂蚁的奶牛"蚜虫已沦为蚂蚁的奴隶。

放牧者和它们的"奶牛"
——多刺蚁和蚜虫

大井山 2011.10.22

它建起了是身长 1000 倍以上的高楼

在深圳的山野里行走，常常能见到黄猄蚁建在树顶上的蚁巢，最小的都有一个足球那样大。

善于修建空中别墅的黄猄蚁也被称为"织巢蚁"。观察黄猄蚁盖房修楼的过程，会感叹生命所能创造的奇迹。黄猄蚁在树冠向阳处选好地点后，就把身体伸展在树枝或叶片上，开始收缩身体拉紧枝叶。一只蚂蚁的身体太短小了，它们就各自上下连接，形成活动的"蚁绳"，把相邻的枝叶拉近。然后另一些黄猄蚁口含自己群体里的幼虫，让它们在叶缝或枝条间吐出白色而有黏性的丝，把枝叶黏合在一起。成千上万个伙伴分工明确、井然有序，建造出巨大的巢穴。按照黄猄蚁的身长计算，相当于人类造出了 1000 米高的大楼。

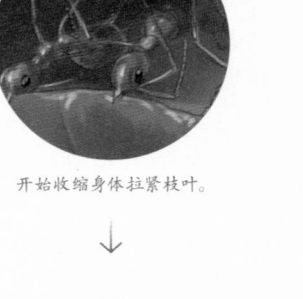

开始收缩身体拉紧枝叶。

用身体连接成"蚁绳"。

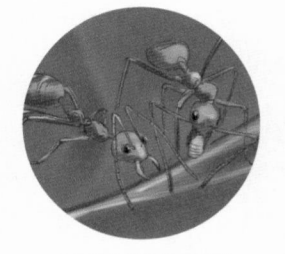

口含幼虫让它们在叶缝间吐出有黏性的丝。

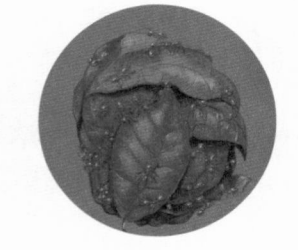

大功告成。

从公主，到母亲，再到女王

一个蚁窝里一般有 3 类蚂蚁：至高无上、独一无二的是有生殖能力的雌性——蚁王，又称蚁后，她在蚁群中体型最大，专职产卵、繁殖后代；此外是雄蚁，又称父蚁，有发达的生殖器，专职与蚁后交配；蚁群中个头最小、数量最多的是工蚁，虽是雌性，但没有生殖能力，主要职责是建造巢穴、采集食物、喂养幼虫和服侍蚁后。

和蜜蜂一样，蚂蚁也是以"婚飞"的方式交配，能坚持飞到最后、最强壮的"新郎"在交配后很快死亡。受孕后的蚁后脱掉翅膀，选择适宜的地方造个简单的蜗居，暂时安身，等体内的小幼虫孵化出世后，蚁后嘴对嘴地喂养每个幼虫。第一批工蚁一长成就开始寻找食物，扩大巢穴，家族成员的数量开始急剧膨胀，通常一个蚁群能有数万只蚂蚁。当初历尽艰辛创建基业的蚁后开始接受工蚁服侍，坐享清福，成为这个大家族的女王。

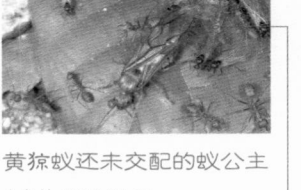

黄猄蚁还未交配的蚁公主
金龟村 2008.08.09

交配后怀着后代的巨首蚁后正在筑巢。

命如蝼蚁，韧如草芥：我们和它们要同命相惜

在山野里行走，留心不要踩到蚁窝，更不要去侵扰挂在枝头的蚁巢。一般来说，在一棵灌木上筑了巢的黄猄蚁，会把整棵树都看做它们的领地，其他昆虫和小生物如果靠近，黄猄蚁会群起攻之，运气差的会成为守护者的盘中餐。

曾经观察过一只在我胳膊上叮咬的黄猄蚁，它上颚死死咬住皮肉，身体紧绷，竭尽全力。最后，力气用到把整个躯体都倒立起来了。只是，人的手指轻轻一弹，这位满怀激愤地保卫家园的战士就不知去向了。

密密麻麻的蚂蚁扑上身体，不顾命地叮咬，的确是让人十分惊恐的遭遇。曾经有一次在排牙山脚惊动了一树黄猄蚁，千军万马刹那间扑到大伙身上，队伍中的一个同伴嚎叫着瞬间把上衣扒下来，完全忘记了自己是个姑娘。

蚂蚁的叮咬像针刺一样，有时会出现红肿。我的经历是，红肿一般在 10 分钟后就消失了。

我们能做的是尽量不要去惊扰它们。曾经不小心踩到一个松软的蚁窝，看到成千上万只蚂蚁在土堆上狂乱地奔走。对我来说只是随意踏出的一步，对它们来说，却是一场地震海啸般的灾难。

我们这些平凡百姓，为一日三餐、一处居所，为长辈后代、事业前途，在密密麻麻的人海中奔走忙碌，像爱惜生命一样爱惜苦苦营造的家业，从本质上和山野里的蚂蚁没有区别。

命如蝼蚁，韧如草芥，我们要和同样卑贱而坚强的蚂蚁相怜相惜。

新撰國文教科書　第五冊

三十四　螞蟻窠

徐兒掘地取薯，得一螞蟻窠，黑蟻數百，羣聚其中。僵蟲、碎米，堆積滿穴，乃平日取來，儲之於此，以為冬糧者也。徐兒曰：「螞蟻辛苦營巢，我何忍毀之。」乃封以土，復其原狀。

三十四

商務印書館出版

孩子和蚁巢

徐儿掘地取薯，得一蚂蚁巢，黑蚁数百，群聚其中。僵虫、碎米，堆积满穴，乃平日取来，储之于此，以为冬粮者也。徐儿曰："蚂蚁辛苦营巢，我何忍毁之。"乃封以土，复其原状。

——选自 1925 年民国小学国文教科书

不要抹死一只蚂蚁

不要抹死一只蚂蚁，

他们是我们能见和常见的最细小生命，

他们也像我们一生营营役役，

你一根手指和一块小抹布，

常常是他们的地震、海啸、种族灭绝，

你已经忘了祖父怎样死于天灾或饥饿，

而他们可能还在讲述你几天前，

顺手给他们制造的一场横祸，

他们的泪水我们看不见，

他们的哀号我们听不见，

他们讲述的英雄故事我们前所未闻：

他们怎样为了一个种族的温饱

而被你顺手掀起的大洪水淹没。

……

不要抹死一只蚂蚁，

你见到这句话即是见到一份盟约，

你心里同意

即是签字……

————黄灿然

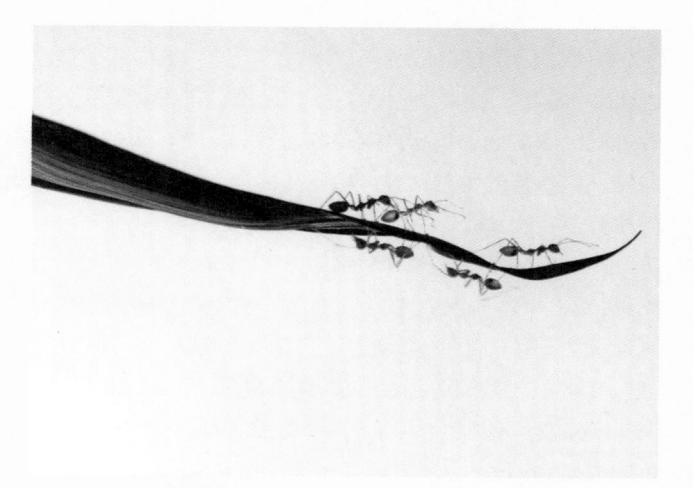

黄猄蚁　洞背后山　2011.03.23

有这么多种蛇是深圳的福气

绿瘦蛇
梧桐山 2011.08.26

绿瘦蛇有一个别称"鹤蛇"，形象得很。

在深圳山野行走，常常见到蛇，有翠青蛇细小如黄鳝，有蟒蛇像小胳膊一样粗壮，有金环蛇斑斓如画，有白唇竹叶青翠绿如碧……只是，经常连相机都来不及举起来，它们就已经逃得无影无踪。蛇见到人后的惊恐、张皇，和人见到蛇后的紧张、惧怕应该是相同的。

蛇在中西文化中都是邪恶的代表，与它的形象有关：身体细长，匍匐在地，没有可活动的眼睑，没有耳朵，没有四肢，色彩奇异，有一些还有毒。

事实上，大部分蛇并不主动攻击人，如果你从欣赏生命的角度打量它，会发现它体态修长优雅，花纹像蝴蝶一样斑斓如画，能在地上疾行，能在树上攀爬，能在水中游走，有自己一套独特的生存智慧，和枝头的鸟、水中的鱼、花朵上的蜜蜂没有什么区别。

在深圳，蛇处在食物链较高的位置，它的食物主要是鸟、鼠、蜥蜴、蛙、小鱼、昆虫，在大自然里，"青草和丛林—昆虫—蛙、蜥蜴—蛇、蟒—鹰……"是一个完整的食物链，所有的生命都通过食物链的关系相互依存、相互制约，一旦食物链的某一环节出现问题，整个生态系统的平衡就会崩溃。如果深圳没有较好的植被、丛林和水质，没有好的自然环境，也不会有这么多五花八门的蛇。

所以，在深圳，有这么多种蛇，是一种福气。

蛇雕　梧桐山 2011.10.16

梧桐山里把猎物踏在爪下的蛇雕。

蛇雕是蛇少有的天敌之一。

台湾钝头蛇
梧桐山 2006.02.03

台湾钝头蛇受到惊扰后探测周边情况的模样。

蛇的视力不好，主要用嗅觉获得信息，所以人们把蛇的舌头称为"蛇信子"。一有风吹草动，它就会把蛇信子吐出来闻一闻。蛇信子伸进伸出，常被人描绘成邪恶的场景。其实，想一想，人眨眼看东西，翕动鼻子闻气味，邪恶吗？

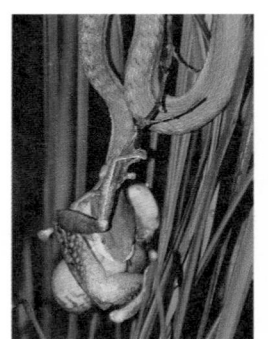

竹叶青捕食斑腿泛树蛙
围岭公园 2012.06.30

我们常用"人心不足蛇吞象"形容人的贪婪。一条竹叶青正在捕食比自己嘴巴大得多的斑腿泛树蛙。

横纹钝头蛇 莲花山 2010.07.30

在枝头盘绕的横纹钝头蛇。

蛇是一种变温动物。体温常随着四季气温的变化而变化，体温高时，代谢率高，活跃好动，民间有"七横八吊九缠树"的俗语，就在描述7、8、9三个月蛇的兴奋状态。随着气温的逐渐下降，蛇逐渐进入冬眠期。一般的蛇在10℃以下就开始不吃不喝，不蜕皮，钻进洞里蛰伏。尽管深圳冬天的温度要高得多，每年12月至次年2月之间，也很少有机会见到蛇。

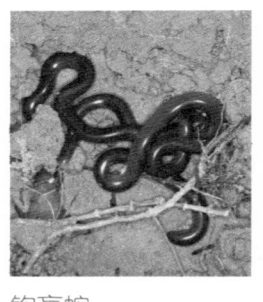

钩盲蛇
梧桐山 2012.03.03

钩盲蛇是深圳最小的蛇，小到人们常常会误认为它是蚯蚓，不过它和蚯蚓一样善于掘洞，也生活在地下，眼睛也失去了视觉功能，唯一区别就是钩盲蛇的身体不像蚯蚓有明显的段节。

灰鼠蛇 西贡古道 2010.02.27

灰鼠蛇遇到人后慌乱逃窜，"噗通"一声跳进水里，小脑袋一会儿伸出水面，一会儿潜入水底，像一个蛙泳的运动员。

舟山眼镜蛇

大望村 2011.10.28

在广东、香港，人们把眼镜蛇叫作饭铲头，因为它们兴奋或发怒时，前半身会竖起，头会昂起，颈部膨胀，就像饭匙。

翠青蛇

马峦山 2008.04.27

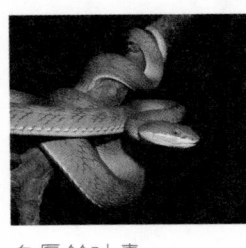

白唇竹叶青

马峦山 2007.08.25

白唇竹叶青是深圳比较常见的毒蛇，在深圳它咬人率占第一位，幸好毒性弱，一般不会致命。

因为身体都是以绿色为主，人们常把无毒的翠青蛇和有毒的白唇竹叶青混淆，其实它们特别好区别：翠青蛇通体绿色，白唇竹叶青的尾部为砖红色；翠青蛇头部为椭圆形，白唇竹叶青头是明显的三角形，面目从我们人类的审美观来看，也有点狰狞；最大的区别是在鼻孔与眼睛之间，白唇竹叶青有一个明显的颊窝，那里有非常先进的"红外线热感"功能，可以侦测并准确地攻击对象，人们就是根据热感追踪原理设计制造出了"响尾蛇"导弹。

眼镜王蛇 梧桐山 2010.02.27

一只眼镜王幼蛇受到惊扰后虎视眈眈的模样。

眼镜王蛇能在深圳这样一个人山人海的大都市生长生存，算得上是个小奇迹。因为它虽然也捕食蜥蜴、蛙、鼠，但主要食物是其他蛇类，包括毒性很强的几种毒蛇。

眼镜王蛇是我国蛇类中寿命最长的毒蛇，也是生性最凶猛的毒蛇，一条成年蛇一次的排毒量大约可以毒死 10 个成人，但它自己却不会中毒，它体内抗毒的血清可以抵御其他毒蛇的蛇毒。

蛇中之王可以让所有的蛇望而生畏，但难敌自然界最大的天敌——人类。眼镜王蛇在各地已被捕捉杀戮到了濒临灭绝的边缘，能在深圳出现是幸运。

如是比丘舍断今生和来世，如蛇蜕去旧皮

蛇为什么要蜕皮？

蛇全身都包裹着角质鳞，坚韧的蛇鳞不仅能防止水分蒸发和保护身体，也是蛇爬行的主要工具。但蛇皮不能像人的皮肤一样随着身体的长大而伸展，每长大一些，蛇就需要蜕一次皮。

蜕皮时蛇用力擦开吻端和上下颌的皮，借助树枝、岩石、草慢慢把旧皮从里到外褪下，过程艰难而痛苦。蜕皮后的蛇体犹如新生，斑纹清晰，新鲜醒目。

佛学经典《经集》有专门的一集《蛇经》节选几段，和大家分享：

他完全拔除贪欲，

如潜入池中将莲花连根拔起，

如是比丘舍断今生和来世，

如蛇蜕去旧皮。

他心中没有忿恨，

超越所有的"此"和"彼"，

如是比丘舍断今生和来世，

如蛇蜕去旧皮。

他已烧尽恶念，

于心中尽除，

如是比丘舍断今生和来世，

如蛇蜕去旧皮。

不急亦不缓，

明了世间一切皆虚妄，

如是比丘舍断今生和来世，

如蛇蜕去旧皮。

蛇蜕去的皮
马峦山 2011.05.07

毒蛇咬伤后的应急处理

深圳的毒蛇主要有白唇竹叶青蛇、金环蛇、银环蛇、眼镜王蛇、舟山眼镜蛇和红脖颈槽蛇。

根据深圳市中医院蛇伤治疗中心的统计数字，深圳近年每年被蛇咬伤求医的人数超1500例，伤情有轻有重，若及时治疗不会有生命危险。这也是我们没必要把蛇妖魔化的一个原因。要知道，仅2019年一年，深圳车祸的死亡人数就达277人。

一旦被毒蛇咬伤，基本处理方法如下：

1. 结扎：停止伤肢的活动，将伤肢置于最低位置，在最短时间内用绳、布条、藤等在伤口上方（近心端）约10厘米部位进行结扎。不能勒得过紧，以免影响肢体的血液供应。

2. 冲洗：用净水反复冲洗，如果周围实在没有水，可用人尿代替。

3. 观察：尽量记住蛇的外貌特征，方便医生对症下药。

4. 排毒：边冲洗边从伤肢的近心端向伤口方向及周围反复轻柔挤压，促使毒液从伤口排出体外。

5. 求医：用最快的速度到医院，在送院过程中，避免受伤者运动。最好采用交通工具运送，如果没有交通工具，最好由人背送。深圳市中医院急诊科设有蛇伤治疗专科，全市其他六家医院也备有抗蛇毒血清，可上网查询就近治疗。

深圳因它们而骄傲

Mountain

池鹭　银湖　2010.07.20

池鹭是深圳常见的冬候鸟。繁殖的季节里，这只池鹭长出了绚丽的繁殖羽。

对于鸟类来说，繁衍是生命中的头等大事。每年春天和初夏，在万物生长、食物丰富的季节，它们会换上一身绚丽的羽衣来吸引异性。有些鸟的脸蛋、嘴巴、脚掌会生出比原来鲜艳的颜色，让自己变得更加靓丽迷人，这种颜色称为"婚姻色"。

这些艳丽的颜色，让异性着迷，却也使得鸟儿变得醒目招摇，增加了被天敌捕获的危险，所以，繁殖期一过，鸟儿会换回原来保护色的羽毛。

　　每一场瘟疫的到来，都会把我们推到自然生灵的对立面。因为禽流感，我们谈鸟色变，草木皆兵，有些地方还要扑杀禽类动物。

　　一个基本的常识是：如果我们过多侵扰和滥杀野生鸟雀，由于密切接触，反而会加大禽流感传播的可能性。

　　全球八大候鸟迁徙线中，有一条经过深圳，被称为"东亚—澳大利西亚迁徙线（EAAF）"。这条史诗般的生命线长达1.3万千米，北起俄罗斯远东和美国的阿拉斯加，南至澳大利亚和新西兰，每年超过5000万只鸟儿从南飞到北，再从北飞到南，延续生命的传承。因为温暖湿润的气候，也因为滨海湿地提供了丰富的食物，位于迁徙线路正中间的深圳成为候鸟重要的歇息地，有一些候鸟会在深圳停留，补充营养，恢复体力后继续跋涉。

　　在深圳，每100种鸟中约有75种是候鸟，中国内地北上广深四个一线城市中，深圳鸟雀的种类和数量最多。它们在我们的窗外唱歌，它们在梧桐山顶筑巢，它们在深圳湾里觅食，它们排成人字形越过深南大道两旁的水泥森林，它们给这个城市带来温情、浪漫，甚至是骄傲。

　　飞鸟是翱翔的生命，不是天降的灾星。我们稍稍做一点反省：这样美丽的生命，我们应该如何与它们和谐相处？

普通翠鸟 洪湖公园 2010.07.02

普通翠鸟是深圳的留鸟，一年四季在深圳都可以见到。

普通翠鸟生性孤独，很少见到它们成群结队。它一般都是单独落在水边的树枝上或岩石上，发现猎物后一头扎进水中，在水里还能保持清晰的视力。因为捕鱼本领很强，翠鸟还被人叫作"鱼虎""鱼狗""钓鱼翁"。

苍鹭 梅林水库 2011.01.08

在深圳的水库和池塘边，常常见到苍鹭淡定的身影，像一个正在练功的武士，长长的脖子缩在两肩之间，一只脚收在肚子下面，单腿站立，如果不被人惊扰，它常常可以静立数小时一动不动。

在深圳的鸟儿里，苍鹭和深圳人很相似：有的是留鸟，常年生活在深圳，生儿育女，安居乐业；有的每年冬天从北方飞来，春天离开；也有的不是在深圳出生，迁徙途中喜欢上了深圳，就一直留了下来。

在整个中国，因为生存环境的恶化，苍鹭的数量在30年里减少了三分之二。

伯劳 深圳湾 2009.12.20

伯劳额头经过眼睛至耳部附近的那一片黑色的羽毛，像极了电影里侠客佐罗戴的黑眼罩。在英文里，伯劳被称为"屠夫鸟（butcherbird）"，可见它多么凶悍。伯劳不仅善于捕食昆虫，还能袭击比它躯体还大的鸟，如鹧鸪，连体型较小的鹰也常被它追得落荒而逃。

白腰杓（sháo）鹬 深圳湾 2009.04.11

白腰杓鹬是冬候鸟，每年冬天，伴随着"go-ee，go-ee"的鸣叫，成群结队的白腰杓鹬从北方飞来。深圳红树林自然保护区和对岸的香港米埔自然保护区，是它们首选的落脚处。它们那长而向下弯曲的嘴巴，并不仅仅是耍酷，它可以像探头一样插入滩涂，准确地寻找鱼虾螃蟹。

白腰杓鹬的雄鸟是典型的模范丈夫，雌鸟产卵后，它会和雌鸟轮流孵蛋，并一起把幼鸟带大。

琵嘴鸭

深圳湾 2006.03.02

蓝翅八色鸫（dōng）

深圳湾 2009.05.04

体形丰满圆胖的蓝翅八色鸫是深圳极少见的候鸟。大家细细看看，其实它的颜色远远超过8种，斑斓的羽毛与草地、绿叶、紫花、白蕊等大自然的色彩融合在一起，也是一种特别的保护色。

和大部分鸟儿一样，一夫一妻制的蓝翅八色鸫共同孵化后代，它们特别留恋一起搭建的鸟巢，当一只亲鸟孵化时，另一只大部分时间都在巢附近的树上或地上鸣叫及警戒。

鸬鹚（lú cí）　红树林自然保护区 2011.01.08

鸬鹚长着带钩的嘴，是鱼鹰的一种，善潜水，捕食敏捷，但捕到猎物后一定要浮出水面才会吞咽。渔民看中这一点，在鸬鹚的脖子上套一个圈，不让鸬鹚将捕获的猎物吞下肚子，鸬鹚捕到鱼后跳到船上，主人取下衔回的大鱼，再奖励鸬鹚一些小鱼。

除去一些旅游景点，用鸬鹚捕鱼的渔民已几乎消失，在一些地区，用鸬鹚捕鱼和毒鱼、炸鱼及电鱼一样被明令禁止。

红嘴蓝鹊

深圳湾 2007.05.02

"蓬山此去无多路，青鸟殷勤为探看"，中国神话传说中为西王母送信传物的青鸟，就是红嘴蓝鹊。

红嘴蓝鹊是我在深圳见到的尾巴最长的鸟，整个身子长达半米，羽毛绚丽，体态雍容华贵，可惜的是，它们的叫声是我听到的最难听的鸟叫——一副地地道道的破锣嗓子。

仇恨的目光

落在捕鸟网的雀鹰，那仇恨怨毒的目光让人难忘。

2013年3月3日，在马峦山徒步遇到好几张捕鸟网，最长的100多米，两层楼高，和同伴们拆网时遇到了这只还活着的雀鹰，把它救出来，发现它的舌头已几乎被塑料丝拉断。

当天夜里，我把这张图在微博发布，一天内被转发评论了近2000次，随后媒体接二连三地跟进报道，最直接的作用是：在候鸟北飞的季节里，管理部门对深圳山野里的捕鸟网清除了一遍——这张图让其后的好些鸟儿逃过了厄运。

在人均GDP已超过3万美元、已是国际化大都市的深圳，山岭里禁不绝的捕鸟网和兽夹，不可理喻，也不应该被原谅。这件事，让我见证了愚昧和冷血，也见证了这个城市的热血和温暖，同时见识了微博改变现实的力量。

落在捕鸟网中的雀鹰 马峦山 2013.03.03

已经在捕鸟网中丧命的八哥尸体 马峦山 2013.03.03

隐居在山野里的精灵

M o u n t a i n

流苏贝母兰

大鹏半岛 2011.11.04

科属：兰科贝母属。

流苏贝母兰是深圳野生兰花中珍贵的一种。它的模样，让人想到厌恶人间烟火、喝露水、食清风、干干净净长大、穿着淡黄色的长袍在山野里游荡的仙女。每年秋冬，百花凋零的季节，流苏贝母兰两朵淡黄色的花朵从顶部生出，还会生出深褐色的、带着流苏的唇瓣，活像一只毛茸茸的蜜蜂。如果能在深山野林里见到它，可以说是修来的福气。形态特别、极为少见的流苏贝母兰是盗采野花者的猎取对象之一。

喜欢英国诗人西格里夫·萨松的一句诗"心有猛虎，细嗅蔷薇"。

在年平均气温 22.5℃、从来不结冰的深圳，山野里一年四季都盛开着野花。世界上能开花的植物有 25 万种，深圳山野里开花的野生植物超过 2000 种。在山野里行走，盛开的花朵吸引了我们的目光，也是吸引我们了解植物秘密的开端。

作为植物繁衍传播生命的性器官，每一种植物的花都竭尽全力地展示自己独特的形态、颜色和气味，细细观察一朵花，你一定会相信世界上真的有全能的上帝，要不然，谁可以设计出这样奇妙精巧、浑然天成的结构？谁能描画出这样匪夷所思、千变万化的色彩？谁能调配出这样风情万种、勾魂夺魄的花香？

在这些千姿百态的野花中，有一些野花悄悄地盛开在人迹稀少的山谷里、掩藏在茂密的灌木和草丛中，它们美丽却低调、隐忍，对环境的清幽和洁净极尽苛刻。也许，这是它们自我保护的一种策略——与人保持距离可以躲开采摘和伤害。

金银花

马峦山 2005.11.19

科属：忍冬科忍冬属。

别名：忍冬、金银藤、二宝。

金银花一般都是一生一对，一蒂双花，刚开花的时候是银白色的，两三天后，转为金黄色，黄白互映。春天的山坡上虽然会遇到零零散散盛开的花朵，但不大容易遇到金黄色与银白色花朵同时开在一起。虽然它春夏开花不绝，但因为人们深信它有清热解毒的功效，在有人的地方一般见不到金银花的踪影。

蘘（ráng）荷　马峦山 2012.11.11

科属：姜科姜属。　别名：土里开花、野生姜、莲花姜。

"神已赐给我独一无二的美丽，哪怕我低入尘埃里……"在阴暗潮湿的山涧，蘘荷像直接从地面上开出的莲花，在民间，它的名字就叫"土里开花"，也叫"观音花"。

蘘荷是深圳少见的稀有植物。种子成熟后，黑色的果实被白色假种皮包裹，活像一个个眼珠子，在光线昏暗的丛林里猛一看到，会让人吓一跳。

橙黄玉凤花　七娘山 2005.08.06

科属：兰科玉凤花属。
别名：红唇玉凤花、飞机兰。

橙黄玉凤是野花中的战斗机。每一朵花，长长的花距拖在后面，像是振翅翱翔直冲云霄的战斗机。其实，我更喜欢它的另一个名称：红唇玉凤花。橙黄玉凤花通常开放在深圳靠近溪水的山涧里，只是我们很少能见到，因为这种野生兰花张扬的姿势、肆无忌惮的艳丽太显眼了，很容易就让盗采者发现。

唇柱苣苔
梧桐山 2011.07.26

科属：苦苣苔科唇柱苣苔属。

走在幽暗的溪谷里，在潮湿的土坡上，在渐渐沥沥的滴水岩缝中，到处能看到它们扎堆开放。

不开花的时候，它们像野菜一样，匍匐紧贴湿润的地面，张开硕大如蒲扇的叶子，尽可能多地进行光合作用，叶子上下两面布满了密密的白色绒毛，非常可爱。

七八月份是它们的花期，一丛丛地生长在路边，或是长在山涧岩石上，紫色花朵妖冶动人。

秤锤树
梧桐山 2010.03.13

科属：安息香科秤锤树属。
别名：秤陀树、捷克木。

这个粗犷的名字下，是白衣佳人般的柔美。

每年 3 月下旬，万物萌动，行走在山间，忽然看到地上白色的花瓣落英缤纷，抬头观看，会看到如伞盖张开的乔木，那就是秤锤树。花瓣洁白无瑕，浮动的暗香犹如隐居于幽谷中的少女刚刚走过。

4 月后，白色花朵纷纷扬扬从枝头飘落下来，有的落在铺满枯叶的大地上，有的落在长满青苔的岩石上，有的随着山涧的小溪去了。再绚丽的花朵也要凋零，再灿烂的青春也要逝去，再热闹的宴席最后也得散场。

禾雀花 梅沙尖 2010.03.05

科属：豆科油麻藤属。
别名：大兰布麻、鸡血藤、血枫藤。

南国有翠鸟，悠然现深山。每年3月进山，会碰到这群润白颜色的翡翠鸟。禾雀花生长在藤蔓上，粗如蟒蛇、细如电缆的藤蔓绕树而上，飞挂在大树之间，上面挂着一串串花朵，远远看去就像一群群禾雀振翅欲飞。

如果碰伤禾雀花的花瓣，会流出红色汁液，就像受伤的禾雀在流血；如果采下整个花朵，两个小时后会变成褐色，活像一只禾雀的尸体。

禾雀花如此迷人的花朵却散发着腐烂的味道，在花串下待久了，会有点头昏目眩的感觉。这又何妨？人不喜欢的味道恰恰是一些昆虫痴迷的气息，花儿的气息本来就不是为了吸引人，而是为了吸引昆虫传授花粉。

细叶石仙桃 梧桐山

科属：兰科石仙桃属。

石仙桃喜欢生长在常年湿润的林下沟边崖石上，或隐匿于林缘树上，它的假鳞茎紧抓着大石头或树干，青翠犹如一个个迷人的小碧桃，假鳞茎是兰花存储水分和养分的重要器官。每年的4—5月，花会从幼嫩假鳞茎顶端发出，开成白色或带浅黄色的数量众多的花朵，像一串串洁白的小手链。

野菰（gū）
梧桐山 2012.08.12

科属：列当科野菰属。
别名：僧帽花、赤膊花、烧不死。

在山野里行走，留心茂密的芒草中间，会有一枝细弱的小草探头探脑伸出来，头上顶着一朵紫色的小花，这就是野菰。

野菰是深圳常见的寄生草本，因为没有绿叶，又被人称作"赤膊花"。没有叶子的野菰无法自己依靠光合作用获得养分，为了维生，只好寄生在其他的植物上，人们称它为"植物中的吸血鬼"。类似野菰的植物，便被称为"寄生植物"，被寄生的对象，被称为"寄主"。

也许，野菰深深知道自己寄生他人的"小三"身份吧，特别的羞怯，身体隐藏在茂密的芒草中，花朵低垂，低到镜头要拍它的花蕊，需紧贴着地面。

我的身体就是盛开的花

身体就像一朵盛开
的花的菌菇

梧桐山 2008.06.06

枯木上生长出来
的织孔菌

凤凰岭 2005.09.20

雨后山野里的新生
菌类——马勃

尖马山 2010.05.01

　　雨后的田野、潮湿阴暗的山涧、枯朽的树干上，常常能见到鲜艳的菌菇。它们不开花，身体本身就像一朵盛开的花；它们没有叶绿素，不能进行光合作用，无叶无花无果，却一代又一代繁衍了下来。

　　植物的花朵大都是向着阳光绽放，而菌菇像一把把小伞似的菌盖则背着阳光，面向大地。

　　深圳郊野里天然生长的菌菇，15% 是有毒的，一般人难以辨认。2011 年 3 月，先后两批人在福永凤凰山森林公园采摘蘑菇食用，全部中毒，其中 3 人死亡。他们食用的蘑菇是致命白毒伞，含有剧毒的鹅膏肽类毒素，进食 50 克（一两）即可致命。2000 年以来，仅此毒菇在广东就毒死 50 多人，占到毒菇中毒事件的 95% 以上。

　　在郊野里行走，最安全的做法是：不要去食用任何大自然里生长的动植物，人类自己豢养种植的东西已经足够满足我们了。

白弱小菇 老虎涧 2010.07.25

潮湿幽暗的老虎涧溪谷里，长在枯木上的白弱小菇特别像电影《阿凡达》里那种会飞翔的精灵植物种子。

植物捕手的智慧

捕蝇草　捕蝇草的英文名是 Venus Flytrap，意思是"维纳斯的捕蝇陷阱"，蚌壳似的叶片边缘一根根尖锐的刺毛，更像维纳斯修长的眼睫毛。

捕蝇草的叶片像蚌壳，每半个叶片的边缘都生有10—25根触毛，在叶缘还生有蜜腺，能够分泌蜜汁用以引诱昆虫。被诱引的昆虫只要触碰到同一片捕虫夹内侧的触毛，捕虫夹就会迅速将叶夹闭合。

在好莱坞的科幻电影里，常常会看到巨大的植物把人吞噬的场面，这只是编剧和导演吸引眼球的想象。但现实里，的确有食肉的植物，仅在深圳，就生长着10余种食虫植物。

植物为什么要捕虫呢？通常，植物光合作用带来的营养只是碳水化合物，要把它加工成生命所需的氨基酸和核酸还需要额外的原料，比如氮和磷。有的植物生长的土地缺乏这两种元素，植物只好另谋生路——在小动物身上打起了主意，因为它们身上的确含有丰富的氮和磷。说到底，还是为了生存繁衍。

需要澄清的是：不管这些植物的陷阱设在空中、地面还是水里，陷阱本身都是叶子，而不是花，诱捕猎物并消化吸收的大都是叶片，电影里出现的食人花只是想象。

在整个生物的食物链中，植物处在最底层，动物为刀俎，植物为鱼肉，动物吃植物是天经地义。只是，世事无绝对，有些智慧的植物就上演了一个个通天逆转的故事。

捕蝇草的花

茅膏菜　马峦山叠翠谷　2013.01.27

留心茅膏菜叶端晶莹通透的露珠，那是诱饵，也是陷阱，茅膏菜的英文名 Sundew 就是由此而来。

在深圳山野里，分布着众多的野生茅膏菜群落。它们多长在潮湿的水沼地，盛开细小的粉红色三角形状花朵，叶子末端分泌着很多晶莹透明的液体，是诱饵，也是陷阱，随时等待着猎物的靠近。

茅膏菜捕虫的原理就像"捕蝇纸"，当被诱引的昆虫进入茅膏菜叶面末端的腺毛时，立即被四周的腺毛粘住，随后叶片会分泌消化液来分解昆虫的尸体并吸收昆虫的养分。

茅膏菜群落

马峦山叠翠谷　2013.01.27

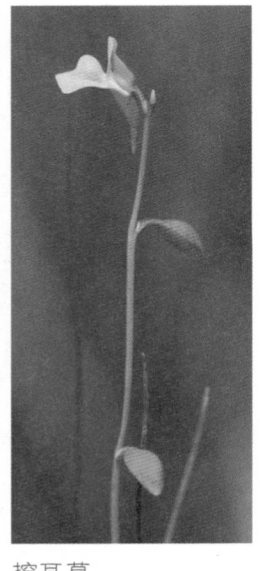

挖耳草

植物学家在与深圳山水相连的香港发现了 6 种狸藻，其中最常见的叫挖耳草。深圳的山野里应该也有同样的种类。这种生长在湿地和水中的有花植物的捕虫囊太小了，大多不到两毫米——和一个小米粒差不多，实在太不引人注目了。

狸藻捕虫囊的微小并没有影响它机关的精巧。狸藻先把捕虫囊里的水分抽走，造成捕虫囊里的气压比外面低，当虫子触动囊口的触毛时，囊口的活门自动打开，虫虫立刻被吸进囊中。随后狸藻会马上关上活门，慢慢享受这份点心。

猪笼草 马峦山北山道 2009.10.18

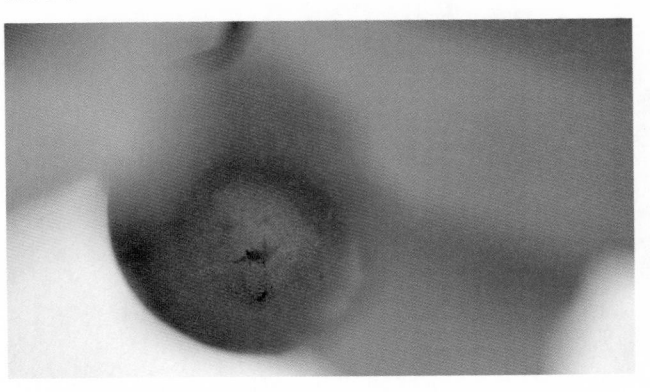

落进猪笼草陷阱里的猎物——蚊子 2013.03.02

全世界大致有 70 多种猪笼草，整个中国只有一种，深圳差不多是猪笼草生长的最北极限了。

猪笼草蔓生在溪谷旁边或者攀沿着灌木而生，大大小小挂着许多花瓶似的捕虫袋，瓶盖和瓶子边沿颜色鲜艳，布满蜜腺，吸引昆虫。需要纠正的是，好些人认为虫子一钻进捕虫袋后，盖子会马上合上，这是不真实的，猪笼草真的还没有智慧到那个程度。

猪笼草的猎物一般是蚂蚁，还有一些是蜜蜂和飞蛾。贪吃的虫虫被瓶口的蜜汁吸引，滑落至囊袋底部的液体中，壁上的蜡粉让它们无法着力爬出，最后被淹死在消化液里，蛋白质被分解，猪笼草以此获取所需的养分。

它们的智慧远比我们想象的高

　　一株植物，从诞生起，就不会再行走迁徙。它没有大脑，也没有神经系统，更不会说话，但它的确有智慧。英国植物学家特里瓦弗斯说："在植物细胞中一定进行着某种'思考'，但我们不知道这是怎么完成的。植物能够对环境进行评估，这意味着它们的行为比人们意识到的要复杂得多。"身边一些植物绝妙的生存方式，显示了植物无言的智慧。

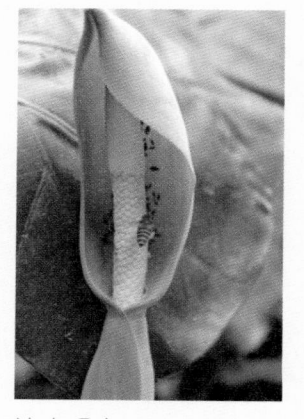

滴水观音　莲花山 2000.01.01

　　在小区里，在山野里，我们常常见到天南星科植物，比如滴水观音，开放的花中有一个佛焰苞，所有的佛焰苞都背对光源。为了把虫虫留住为它授粉，滴水观音利用光源在背后制造了一个"假出口"，视力不好的虫虫在花中误打误撞，折腾中就为它完成了授粉大事。

两面针　马峦山叠翠谷 2013.01.27

　　在深圳的山岭里，有许多植物的茎叶长有钩刺，它们有时会伤到人的手掌，刮破人的衣服。实际上它们这是为了保护自己不被动物吃掉。

蒲公英

　　大家都知道蒲公英将种子设计成一个个小伞，尽可能把后代送到远的地方为自己传宗接代。现在留心一下它的叶子，从根部直接长出来，叶子中间有一个凹槽，像一个微型水渠，可以将雨水直接输送到根部，一丛丛的叶子组成了一个漏斗，保证了蒲公英生长所需的水分。

紫纹兜兰　七娘山 2012.11.04

　　"空谷有佳人，遗世而独立"，紫纹兜兰是深圳最珍稀的野生兰花，它不仅美丽，而且充满智慧。它美丽的兜状唇瓣其实是个陷阱，通过特殊的气味吸引昆虫前来一探究竟，昆虫一旦掉进去，并不会被消化，而是会通过它"精心设计"好的通道逃生。在这个过程中，虚惊一场的小昆虫已不知不觉地帮紫纹兜兰完成了传粉的工作。

做一个不残酷的深圳人

M o u n t a i n

捕鸟网上的牺牲品

西丽湖 2009.08.02

不远千里逃避严寒飞来的候鸟，
丧命于西丽湖畔的捕鸟网中。

　　1980 年前的深圳，是高度戒严的边防禁区，严格限制人员进入。这从客观上为野生动物提供了安全和没有污染的栖息地。如今繁华喧闹的华强北、福田保税区、皇岗口岸，都曾是水草丰美的田野，是飞鸟和大量野生动物流连的湿地。

　　1961 年 12 月，宝安县县长吉凤亭在工作报告中公布：3 年里宝安县共捕获了各种野兽 2984 头，其中老虎 6 只、山猪 551 头——这是深圳最后见到华南虎的记录。

　　即使到 1980 年，整个深圳都变成了尘土飞扬、机器轰鸣的大工地，依然有野生的生命不肯离去。1985 年初夏，荔枝公园刚刚建成，湖中的小岛上栖息着六七十只白鹭，白天聚集在小岛的浅滩上觅食，清晨和黄昏时，就飞翔在刚刚有些雏形的城市上空，最后，在人们不断的侵扰和伤害之下彻底离去。

　　40 年前，深圳有 34 种以上的国家重点保护动物，有 20 种以上的广东省重点保护陆生野生动物。40 年里，1700 多万人移居到了这片原来只有 33 万人居住的土地上，使深圳成为整个中国人口最密集的城市之一。曾经，人们盖起无数的高楼，建起车水马龙的道路，填埋了沿海的生态湿地系统，砍伐了原生的树林，把垃圾和污水排进河流，用诛尽杀绝的方式在海里捕捞，在 2003 年 10 月《深圳经济特区禁止食用野生动物若干规定》实施前，整个深圳每年落入口腹的野生动物超过 800 吨，其中仅蛇类的最高日消耗量就是 10 吨……

　　请用不忍之心善待这片土地上已经生存繁衍了成千上万年的生命，我们已经有足够的能力依靠自己养殖的动植物维持温饱，没有必要再杀戮任何野生动物。请在这个依山傍海、四季常青、自然环境如此美好的都市里，为所有的野生生命，也为我们自己，留出一席安全、洁净、祥和之地。

捕兽夹 香车水库 2012.01.19

这是在七娘山脚踩到的兽夹，夹子中间专门打着尖利的铁刺，铁链的另一头套在树干上，大小动物落在这样的套子里都无法逃生。

七娘山脚一只豹猫的尸体
香车水库 2012.01.19

这只豹猫如果活着，应该是这个模样。

2012 年 1 月，在七娘山脚下香车水库边遇到一只豹猫的遗骸。这是在深圳亲眼见到的第三种大型野生哺乳动物，前两种是内伶仃岛上的猕猴、西冲的野猪。

巡查周围，20 米内发现了两个兽夹。豹猫动作灵巧，反应敏捷，奔跑神速，一纵身就可以攀到树顶，一般天敌对它奈何不得。但它就是逃脱不了人设置的圈套。

豹猫有一身光滑细密的美丽皮毛，这是给它招来杀身之祸的主要原因：20 世纪 60—70 年代，我国每年出口豹猫毛皮 20—25 万张，导致国内许多地方豹猫彻底绝种。奇怪的是，在国际上被濒危物种公约（CITES）编入目录的豹猫在中国一直未被列为国家保护野生动物。1990 年，迫于国际舆论压力，中国停止出口和收购豹猫皮。仅这一年，整个中国杀死豹猫后剩下来的皮在库房里就积压了 80 多万张。

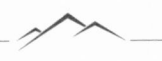

发 现 笔 记

一只野猪最后的留影

待宰 东冲 2011.12.11

身首异处 东冲 2011.12.11

　　野猪是深圳本土生长的体型最大的野生哺乳动物，曾是国家三有保护动物。在深圳的山野里行走多年，每次遇到，都是惊鸿一瞥，它们一看到人，就狂奔而逃，人连举起相机拍照的机会都没有。没有想到，第一次近距离地观察野猪是在屠宰台上。

　　2011 年 12 月 11 日行走山野，到东冲海边投宿，夜里，一个穿迷彩服的人用车拉来一只五花大绑的活野猪，就在我们的餐桌边，店家架起大铁锅，烧起火，我们目睹了一只野猪被肢解的全部过程。

　　这只野猪被开膛破肚后，胃囊里干干净净，像被水洗过一般。没有人知道它已经被野猪夹套了多久，也不知它已经挣扎了多久，它肚子里的东西已消耗得一干二净。

　　一只在山野间生长和奔走的野猪，有一个百毒不侵的胃，竹笋草药鸟蛋蘑菇，野兔山鼠毒蛇蜈蚣，什么东西都可下肚，从来也不会食物中毒；有一个健壮的身体，为争夺雌性追逐与格斗，在大地上磨擦獠牙庆祝胜利，在树丛里撒尿宣示领地。由于它在深圳没有天敌，而且繁殖速度惊人，现在在山野里已有泛滥之势。

40 年间从深圳消失了的生命

上图是 1985 年的"深圳野生动物资源图"（图片来源：《深圳市自然资源与经济开发图集》）。

不到 40 年，图中有些野生动物已完全消失。

40 年，是一个婴儿长为成人的时间，是一个 30 多万人口的县城变身为 1700 多万人口大都市的时间，是人均可支配收入从 110 元人民币到 7 万元人民币的时间，也是许多生命从这片土地上完全消失的时间。原因是：人为捕杀、栖息地被侵占、环境污染……

人类身处生物食物链的顶端，是智力最高的生命，这片土地上野生动物的生与死，凋零与繁盛，消失和归来，就在我们一念之间。

果子狸

2003 年初，一个传染性疾病改变了中国，这就是"非典"（传染性非典型肺炎，简称 SARS）。第一个发病者是深圳一家酒楼的厨师黄杏初。一年后，钟南山院士带领的科研组发布研究结果：果子狸是 SARS 样冠状病毒的主要携带者。

深圳的野生果子狸早已绝迹，曾在餐厅里风靡一时的果子狸是人工养殖的。

SARS、狂犬病、鼠疫、疯牛病、禽流感早已提醒我们，一些病毒对动物影响不大，但对人类却有很高的致病性。所以，捕食野生动物前要想想自己的安全。

大灵猫

生性机警的大灵猫可以在地上灵敏地奔走，能攀爬树木，善于游泳，还有喷射臭气迷惑天敌的绝招。大灵猫是国家二级保护动物。

赤麂（jǐ）

习性孤独、胆小谨慎的赤麂一般隐蔽在密林或草丛中，躯体灵巧，四肢细长，遇到危险时撅起臀部，低垂头颅，能在浓密的丛林中急速狂奔。只是，再高超的逃生技能，在绝顶聪明的人类面前都是无力的。赤麂被列入世界自然保护联盟（IUCN）2008 年濒危物种红色名录。

水獭（tǎ）

水獭是国家重点二级保护动物，绝迹的主要原因是水污染。据广东省环保厅 2010 年环境质量公报：全广东共 7 个河段水质属重度污染，深圳占了 3 条，深圳 5 条最大的河流的水质均不能达到地表水 V 类标准，是广东水污染最严重的城市之一。

穿山甲

全无侵略性的穿山甲视觉已基本退化，挖洞居住，昼伏夜出，遇到危险时常蜷成球状。穿山甲是国家二级重点保护动物，严禁捕杀和食用，但如今不仅在深圳，在中国的大部分地区，都已彻底绝迹。

插田

Field

游客如织自然

溪山青黛记

这些杀手有点冷

Field

渔游蛇和黑眶蟾蜍　大望村　2010.06.20

大望村的菜田边，壮硕的渔游蛇正在捕食一只黑眶蟾蜍。

黑眶蟾蜍已经用尽了所有的防御自卫本领：与四周融为一体的保护色，眼睛后面长出的毒腺，最后用上了电影《功夫》里的蛤蟆功——让身体膨胀变大恐吓天敌。但这一切对渔游蛇来说都太小儿科了，渔游蛇强大的咬合力能把蟾蜍胀鼓鼓的肺都挤出体外。

　　在深圳的山野、海洋里，目击到的动物大都处在两个状态：寻食和求偶。民以食为天，更何况野生动物。它们通常没有能力饲养动物或种植庄稼，总是饥肠辘辘，所以捕杀猎物的过程总是充满令人叹服的心机、智慧和力量。

　　在深圳野外，我见到的身体最庞大的野生动物是七娘山里的野猪和内伶仃岛上的猕猴，从没有见过它们猎食其他动物，野猪见到人就惊慌失措地狂奔而去，猕猴悠然地在丛林岩石间游荡，更像一个没有一丝侵略性的素食者。反而，一些体格弱小的昆虫、蜘蛛甚至迟缓的蜗牛，却是十分矫捷凶悍冷酷的猎杀者。

　　一般人都认为，弱肉强食，那些身体弱小、迟缓的动物肯定斗不过比自己身体高大灵活的动物，但事实并非如此。计策、智谋和团体合作，加上毒液、粘网、牙齿、利爪，是以小胜大的法宝：在马峦山上，曾见到过蚂蚁正在围猎身体比自己大上千倍的蒙瘤犀金龟幼虫；在大龙老村，见到蜻蜓轻轻松松地把有毒刺的野蜂一下就叼在嘴里。

　　然而动物之间原始自然的猎杀一般不会影响生态平衡，它们在食物链上共生共长，相依相存，各种动物的数量和所占比例总是维持在相对稳定的状态。有些动物甚至有自觉的捕食节律，真正有能力破坏野生动物食物链的是人类。

一只捕获了同类的黄猄蚁

洞背后山 2007.12.08

"本是同根生，相煎何太急？"在动物界，为了生存，同类动物或同族动物之间也会互相残杀，这是动物界的弱肉强食。

正在猎杀蜜蜂的虎头蜂

南澳鹅公后山 2012.10.03

这只虎头蜂的口味很刁：一场寒雨之后，蜂巢附近落满了冻死的蜜蜂，但这个家伙不感兴趣，依然守在蜂巢附近，以迅雷不及掩耳的速度捕杀忙忙碌碌的活蜂。

捕食的池鹭　洪湖公园 2001.01.01

池鹭发现猎物后，明白机会稍纵即逝，自己必须在最短的时间用最快的方式捕到猎物。池鹭腾空而起，收起双翅，减少向上的浮力，向目标俯冲；当接近猎物时，为准确定位，池鹭需要把速度减下来——留心它此时的翅膀，犹如飞机降落时机翼打开的减速板——完美地利用穿过羽翼的气流，调节到自己需要的速度，准确地将猎物"嘴到擒来"。

蜘蛛与蟋蟀　马峦山 2008.09.30

"南阳诸葛亮，稳坐中军帐。排下八卦阵，单捉飞来将。"我们小时候应该都猜过这个谜语。

这个美食家不会把这只比自己体格还大的蟋蟀囫囵吞来，也不会把它咬得支离破碎，而是向它身体里灌注一种消化酶，蟋蟀体内的组织很快会分解为液汁，蜘蛛很文雅地吸食，猎物最后仅仅留下一个完整的躯壳。

大家在山野行走，留心观察，就会发现蜘蛛网上常常挂着这样一些木乃伊般的空壳。

把猎物含在嘴里的毒鲉（yóu）　大鹏湾 2012.10.22

擅长隐蔽的毒鲉大多数时候都会收起自己的鱼鳍，静静地趴伏在礁石上，身体和礁石浑然一体。当有猎物从它嘴边经过的时候，它会一跃而起，电光石火之间，小鱼已成了它口中之物。

蝎蛉和小果蝇　梧桐山 2010.03.20

正在享受一只蛾子幼虫的蝎蛉和一只垂涎欲滴的小果蝇。

这是动物世界求食过程中少有的温馨场面。

长尾巴的蝎蛉正在享用一只蛾子幼虫，食物的味道引来一只小果蝇。果蝇先小心翼翼地凑过去试探了一下，蝎蛉好像不介意。果蝇得寸进尺，上前与蝎蛉一起分享了一顿美餐。

优秀的捕食团队

李伯坳溪谷 2006.06.25

合作默契的黄猄蚁正在围攻一只金斑虎甲，留心那几只分别咬紧虎甲前后腿的勇士。蚂蚁，是在深圳山野里发现的组织性最强的动物，团体间互相合作，彼此忠诚，善于沟通，又富有自我牺牲精神。它们可以组织起分工细致、战术明确的进攻，敢于猎食比自己身体大几百甚至上千倍的对手。

鹪（jiāo）莺

洪湖公园 2001.01.01

洪湖公园里，一只捕食到蚂蚱的鹪莺得陇望蜀，紧紧盯着飞来的蜜蜂。深圳中学吴健晖老师的这幅作品能获得威尔士国际摄影展金奖，其中一个原因，应该是它生动地表现了动物作为掠食者贪婪的本能和本性。

"民以食为天"，对于动物来说更是。只是鸟儿娇小的体型、秀丽的羽毛、悦耳的歌喉掩盖了它作为掠食者的面目。事实上，在动物界，即使是最柔弱娇小的动物，也隐藏着一套独家的、鲜为人知的、登峰造极的捕食本领。

总有一物能降服你

没有人能想象出，怡景花园里这只缓慢迟钝的蜗牛是如何捕捉到这只灵活敏捷，还会断尾求生的壁虎的。但我们可以看到蜗牛如何把这只壁虎制服并一点一点消化。

有如此消化力是因为蜗牛是世界上牙齿最多的动物。它的嘴虽然不大，但是有上万颗牙齿，还有条锯齿状的"齿舌"，吃掉这只壁虎没有一点问题。

大自然就是这样奇妙，一物降一物，壁虎捕捉萤火虫易如反掌，身体比萤火虫幼虫大几十倍的蜗牛却是萤火虫幼虫的主要肉类食物。

制服

↓

吞食　→

入肚　→

残骸

它们给设计师上课

Field

斯洛文尼亚的房产公司从蜂巢身上获得灵感，为低收入家庭设计的紧凑型廉价住宅，美观而实用。

深圳是中国第一个获得联合国教科文组织"设计之都"称号的城市，城中聚集了3万多名设计师。与此同时，深圳的山岭、田野、海洋里，生长着成千上万种动物，也设计着自己的生存空间，它们的创意有时超出了人类最有才华的想象。

大自然里的生命设计自己的衣食住行时，第一考虑永远是求生和安全。梧桐山里一只画眉把自己的小窝设计成碗状，是为了让全窝的鸟蛋都能收拢在母亲的身体下面，掩体式的鸟巢也呵护着刚刚孵出的雏鸟；一群蜜蜂可以在不到1立方米大的空间里聚集近万个同伴生活，是因为它采用了六边形结构建屋，能用最少的材料建造出最宽敞的巢室；梅林后山的尺蛾，用鲜艳到极限的黄色作外衣，是在警告图谋不轨的对手：我的身体是有毒的，味道也大大地不好，你们还是到别处去寻食吧！

解决了生存和安全问题后，动物费尽心思的设计就是为了求爱、交配和繁衍，绚丽的色彩是许多动物吸引异性注意并获得异性青睐的途径。豹尺蛾喜欢炫耀它们华丽的豹纹，它可能在向异性传递这样的信息：我这样高调耀眼，会招来多少天敌的注意啊，却还能活得好好的，那我一定是最健壮敏捷的、有最好基因的，我就是你要找的白马王子！

大自然永远是灵感的来源，在这颗星球上进化了数亿年的动植物是我们的老师，设计之都的设计师们应该向它们学习。

在深圳，向动物学习设计的经典案例是深圳湾畔长720米、高52米、可容纳3万人的大运会开幕式场馆，灵感就来自即将破茧而出的春蚕。

绿草蝉

北山道溪谷 2012.08.25

绿草蝉穿着大胆而前卫的透视装，吸引异性的青睐。

阿文绶贝 小辣甲岛 2011.10.16

阿文绶贝是深圳近海里最爱美的外貌控，它专门为自己设计了一套美容工具——带着肉刺的外套膜，可以吐出来，每天无数遍地清洁外壳，不让泥沙粘在上面，不让藻类寄生，还像打蜡似的用自己分泌的珍珠质给外壳上釉。阿文绶贝把自己包装成了海底最光鲜时尚的贝壳。

灰蝶 梅林后山 2012.09.23

因为掠食者常常选择猎物的头部下口，梅林后山的这只灰蝶就在尾部设计了一对假眼，还长了一对假的触须，最绝的是停下来时头几乎一动不动，尾部假眼和假触须却不停地抖动，迷惑天敌。

翠鸟 梅林后山 2012.09.23

留心翠鸟的脑袋和鼻子，它的造型被设计师偷师，用到了高速列车的车头设计上以减少空气的摩擦和噪声。翠鸟常安静地站在湖泊、溪流、鱼塘边的树枝上，专心注视着水面，一发现小鱼的踪迹，就腾空而起，高速却悄无声息地俯冲，直扑猎物。

蹼趾壁虎

梅林后山 2012.09.23

蹼趾壁虎不仅为自己设计了一身绝佳的保护色，还为自己设计了令人惊叹的黏附力。它能在石壁、天花板上倒立着爬行并不奇怪，最神奇的是在垂直光滑的窗玻璃上也能稳健灵活地行走。

壁虎足垫上有数百万个分叉小刚毛，刚毛顶端有肉眼看不到的勾叉，形成超强的黏附力。科学家正在研制模仿这种神奇力量的超强黏合剂，制造爬墙机器人和攀高手套，让人能像壁虎一样飞檐走壁。

豹尺蛾

清林径 2005.04.13

豹纹是时尚界永恒的主题，清林径的这只豹尺蛾也不甘落伍。在深圳的山岭里常常见到这种高调张扬的蛾，一般的蛾在夜间活动，而它在白天也会露面。

对自然的迁就和顺应

　　动物对生活的设计与人类相比，有一个根本的区别，那就是对环境、对大自然的迁就和顺应。

　　黄猄蚁建在树顶上的蚁巢有一个足球那样大，是自己身长的数百倍，全部用树叶粘贴而成；人面蜘蛛几乎每天都要编织一次网，用的都是自己的分泌物；内伶仃岛上的猕猴长出没有生命的毛，既挡住太阳对身体的辐射，又能起到隔热的作用……所有的动物都不会再造物质来强行改变生活，它们对衣食住行的设计，原料都取自大自然，最多加上自己的分泌物，我们人类是唯一会伤害自己的生存环境来改善生活的生物。

　　智慧的设计师也许应该返璞归真，向动物们学习一些道法自然、顺应天意、简单天然的设计。

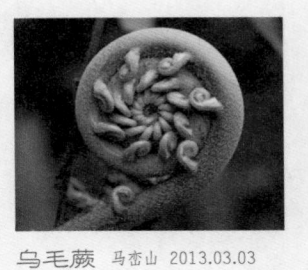

乌毛蕨　马峦山 2013.03.03

蕨苗有收有放的曲线为许多设计师带来了灵感。

长尾缝叶莺
梅林后山 2013.07.18

长尾缝叶莺的巢
羊台山 2013.05.18

长尾缝叶莺是生态建筑的设计大师，在用细草层层编织好巢穴后，它会把周围生长的绿叶也缝贴在鸟巢表面，既隐蔽又遮风挡雨。

是住宅也是饭碗

蚁狮的巢穴
马峦山二线巡逻道 2006.03.15

　　在山野里行走，常常能在地面上看到倒金字塔形的一个个小坑。这是蚁狮的杰作，它是天才的设计师和建筑师，它修建的不仅是自己的住所，还是饭碗。

　　蚁狮将身体伪装成沙土一样的颜色，小小的头上长着一对大颚，平常是倒退着走，人们又把它叫作"老倒""倒兔"。它会在沙地上一面旋转一面向下钻，在沙上做一个漏斗状的陷阱，自己躲在漏斗最底端的沙子下面，并用大颚把沙子往外弹抛，使得漏斗周围平滑陡峭。当小虫子爬入陷阱时，因沙子松动而滑下，蚁狮会不断向外弹抛沙子，受害者被流沙推进中心，然后蚁狮就用大颚将猎物钳住，拖进沙里吃掉。

翅膀扇起的"头脑风暴"

　　深圳有 200 多种蝴蝶，每一种蝴蝶的图案都不相同。花样百出的图案既是柔弱的蝴蝶恐吓迷惑天敌的工具，也是吸引异性的精心装扮。枯叶蛱蝶停下来后完全就是一片足以乱真的落叶；眉眼蝶在翅膀上设计出眼睛的图案、蛇头般的花纹，让试图袭击它的鸟儿退避三舍；灰蝶干脆在尾部设计了假头和假触须，施展迷魂大法……

　　"蝴蝶效应"的观点是："一只亚马逊河流域热带雨林中的蝴蝶，偶尔扇动几下翅膀，可以在两周以后引起美国得克萨斯州的一场龙卷风。"这多少有点夸张，但假如一位时装设计师细细研究一下蝴蝶的翅膀，一定会带来一场"头脑风暴"。

长标弄蝶

双色带蛱蝶

白裳猫蛱蝶

双标紫斑蝶

黑脉蛱蝶

枯叶蛱蝶

网丝蛱蝶

它们的世界里没有飞涨的房价

Field

鸟巢 排牙山 2006.02.11

和北京奥运那个庞大的鸟巢相比，排牙山里的这个鸟巢简陋却缜密、精致又自然，和四周的树木枝叶融为一体，浑然天成。可惜的是，这样好的一个家，却被遗弃了。

有一个温暖舒适的家，不仅仅是人类，也是许多动物的追求。

在老村的屋檐下，燕子用干草枝叶和泥巴搭建小窝；在灌木的枝叶间里，蜘蛛用丝网织成了空中楼阁；在高高的树干上，黄猄蚁修建起足球一样大的巢；在海底，寄居蟹背着蜗居踽踽前行……

在地球上所有的生物里，只有人类有地产商。动物们就地取材，自己设计施工，建造了许多最适合自己的房屋，却没有高房价。和人类的居所相比，动物的家园与环境相融合，更加顺应自然，材料也更绿色环保。

2012 年 5 月，一对红耳鹎把窝搭在深圳大学管理学院办公室里的发财树上，并孵出了 4 个宝宝。这一家大小立刻成为深大的"明星"，许多学生和市民通过微博和实时录影看到了"明星"一家搭窝、觅食、生儿育女的全过程。

让大家遗憾的是，不到一个月，等到小红耳鹎刚刚能张开翅膀飞翔的时候，鸟儿一家就弃巢而去，再没有回来。

在山野里行走，常常会遇到被鸟儿遗弃的鸟巢。

和人类一样，飞翔的鸟儿会含辛茹苦地用各种方式为自己建起各种各样的家，有趣的是，对一些鸟儿来说，筑巢已成为它们繁殖行为的一部分。已经配对的鸟儿修建新房会刺激它们的性生理，身上会发出浓烈的性的气息，相互吸引着对方。这一点和人类有点相似，一对伴侣在共同置办一套住房的时候，可能是最相依相托、相亲相爱的时候。

雌鸟和雄鸟在这个家里相濡以沫，哺育后代。但有些鸟儿与我们人类不同，只要幼鸟长大，当初恩恩爱爱的雌鸟和雄鸟就会离开鸟巢，翅膀硬了的幼鸟也对这个家没有留恋，全家各奔东西。鸟巢只是这些鸟儿为了繁衍后代临时搭建的一个客栈，所以，在它们的世界里，永远不会有飞涨的房价。

需要提醒的是，在山野里无论遇到什么样的鸟巢，都不要触碰侵扰，那不仅是鸟的房子，那还是一个家。如果鸟儿还在，那是它繁衍后代、阖家团聚的小窝；如果它已离开，那是它留给大自然的纪念品，与我们无关。

鸟巢里的红耳鹎幼鸟
深圳大学

深圳最常见的鸟巢大都是碗状，能防止鸟蛋滚散并保持团堆，这对一次孵卵较多的鸟儿特别重要。

沙蟹　小三门岛 2012.09.02

在松软的沙滩上，沙蟹挖出深深的螺旋形的洞当作自己的家。为了安全，有的沙蟹甚至挖出"对头洞"，留出逃生的"安全门"。

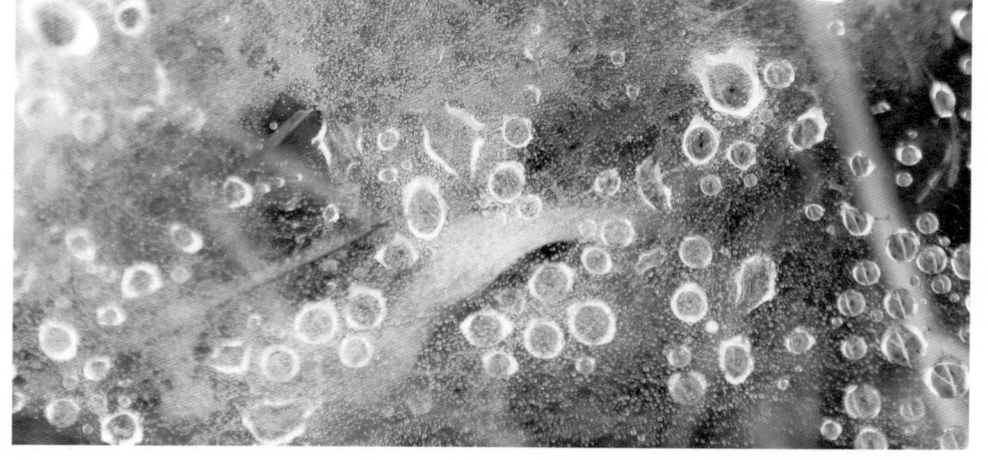

蛛网　红花岭水库 2010.01.24

红花岭水库的岸上，露珠将蜘蛛的家装扮成了水晶宫，太阳一出来，又恢复如常。

蟹蛛　废弃二线巡逻道　2012.10.06

"你带我走进你的花房，我无法逃脱花的迷香；我不知不觉忘记了，噢——方向"，梧桐山上的蟹蛛把蟛蜞（péng qí）菊当作自己的"花房"。

黄猄蚁　南澳抛狗岭　2012.10.14

黄猄蚁把家盖在买麻藤果实上。不知道果实成熟后会不会成为它们的美食。

黑胸胡蜂　大深湾　2006.07.23

黑胸胡蜂营造的巢极具现代风格。

背着蜗居闯天涯

在深圳的海岸边，我们看到的每一个贝壳都曾有一段属于它的生命故事。

一个微小的软体动物从卵中孵出来后，选择礁石和海床落下脚，在生长过程中，柔弱的生命分泌出钙化物，凝结成坚硬的外壳，这是海底生命最有效的自我保护方式。它背着自己的蜗居勇闯天涯，生命的时间或长或短，在柔软无骨的肉身死亡后，形状千变万化、花纹浑然天成的贝壳被留下来。

细细打量贝壳，结构有如神助，着色匪夷所思，是大自然中美丽、奇异、多样的住宅之一。

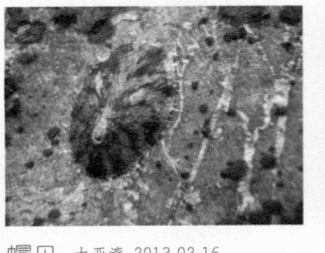
帽贝 大亚湾 2013.02.16

珍珠贝 大亚湾 2012.12.16

中华蝾守螺 大鹏湾 2012.11.22

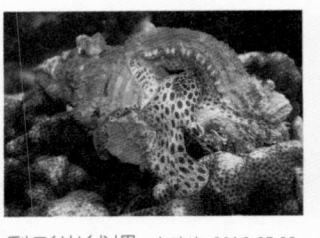
梨形嵌线螺 大鹏湾 2012.07.03

寄居蟹 大鹏湾 2012.09.15

没有营养，所以安全

家燕的窝
笋岗村 2006.06.23

修屋建巢是家燕的一件大事，它衔取泥、麻、线和枯草，混上自己的唾液，揉成小泥丸，将小泥丸用嘴逐渐向上整齐地堆砌在一起，建成一个碗状的"毛坯房"，接着开始细致地"装修"：衔取干的细草茎和草根，用唾液将它们粘铺于巢底，再铺上柔软的植物纤维和鸟类羽毛，一个舒适的家就这样建成了。

幸运的是，家燕的窝没有什么营养价值，因此没有成为人类猎食的目标，而南亚金丝燕用唾液与羽绒凝结而成的燕窝，已成为人类追捧的高级补品，被大量猎采。

虫大十八变，越变越好看

Field

蝶形锦斑蛾
麻水凤溪谷 2011.08.23

蝶形锦斑蛾幼虫　麻水凤溪谷 2006.05.13

作为变态昆虫，一只蝶蛾要经过四个阶段才能幻化为展翅飞翔的生命，这四个阶段是：卵、幼虫、蛹、成虫。幼虫只是它蜕变过程中的第二阶段，那些颜色各异、形态多变的虫虫，历尽千难万险，只要能活下来，就会长出翅膀，幻化为美丽的蝶蛾，它们的变化远远大于人类的"女大十八变"。

在深圳见到的幼虫，有一些长着粗细长短不同的毛毛，我们的第一反应通常是觉得它们有毒，千万不能触碰。这样的反应，实际上达到了它们的目的。尽管好些人都有被毛毛虫刺到后痛痒的记忆，事实上，在30万种鳞翅目昆虫中，只有6万种的幼虫长毛、多毛，有毒的毛毛虫更是少之又少。

对行动迟缓、还没有长出翅膀的幼虫来说，活下来是一场充满凶险的历程。身上的毛对它太有用了，可以当作盔甲保护身体，可以当作武器分泌毒液阻吓天敌，可以当作伪装迷惑猎食者，也可以当作从高处跌落时的减震器。

从一粒微小娇嫩的卵，到一条单薄柔弱的小虫，再到静若修行的蛹，最后幻化为一只天空中飞翔的蝶，生命的演变，讲述着传奇、令人感动的故事。6500万年前，地球环境巨变，体格庞大的恐龙灭绝了，小小的昆虫却活了下来，成为地球上数量最多的动物，其中一个重要的原因，就是昆虫顺应自然的变态方式。

蓝目天蛾幼虫
废弃二线巡逻道 2012.10.06

蓝目天蛾成虫

尖翅翠峡蝶成虫

尖翅翠峡蝶幼虫 凤凰岭 2012.10.06

让旧灵魂死去，如果找到了新生的路径

　　深圳的蝴蝶中，我最喜欢的是网丝蛱蝶。这种蝴蝶翅膀上的花纹像地图的经纬线一般，当它们落在树上全身紧紧地贴在绿叶上时，翅膀上的花纹和叶脉交织在一起，美丽绝伦。一般的蝴蝶落下来后，翅膀会合起来，或者来回翕动；网丝蛱蝶落下后，会将翅膀平平铺开，和花朵树叶交融在一起，低调收敛的美丽减少了天敌对它伤害的机会。

　　一只网丝蛱蝶用蝶变讲述着生命的道理：要勇于让旧灵魂死去，如果找到了新生的路径。

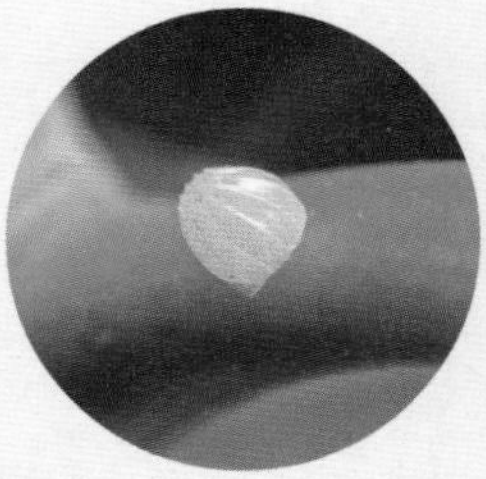

初生蝶卵 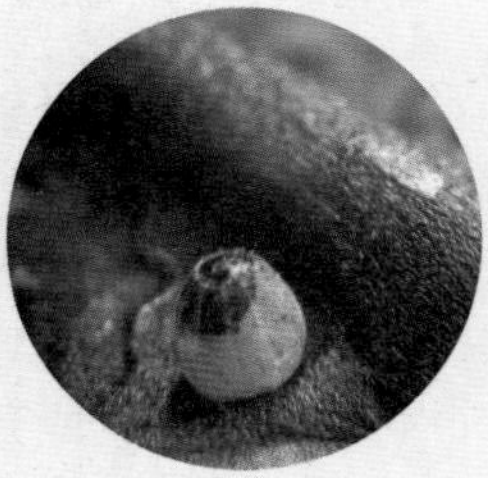　　　　　　　　　　开始发育 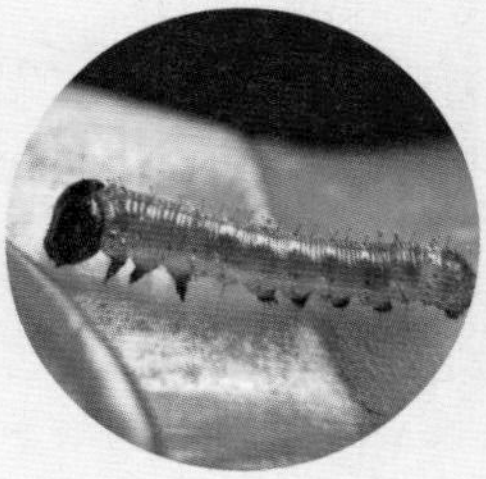　　　　　　　　　　长成幼虫

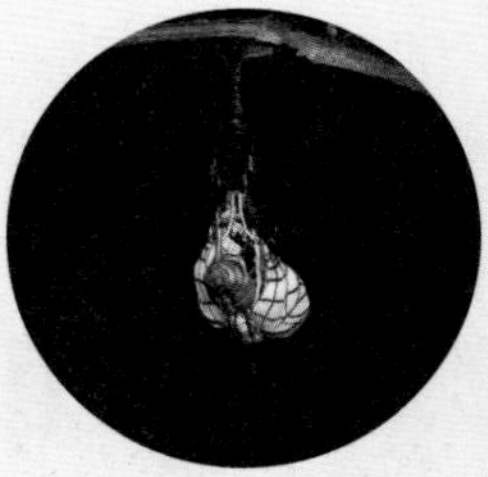

开始羽化　　　　　　　　　　化作蝶蛹　　　　　　　　　　生出毛毛

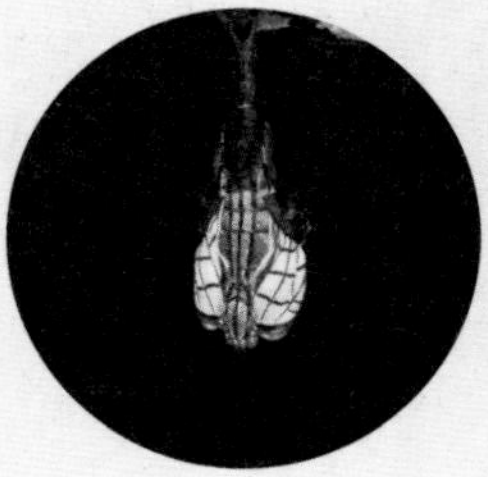

身体初现 　　　　　　　　　　脱离蛹壳 　　　　　　　　　　振翅欲飞

2009.04.26

融入自然
西贡古道 2012.07.01

自然博物馆里的艺术品

Field

黑脉蛱蝶的卵　2011.10.05

黑脉蛱蝶　梅林后山 2012.09.16

橙粉蝶的卵　2011.12.21

橙粉蝶

　　在大自然里，我们总是喜欢欣赏蝶的美丽、鸟的动人，见到毛毛虫、甲虫、蟾蜍或蛇蝎，常常会惊恐、厌恶和躲避。其实，美与丑只是人类根据自己的利益和审美而做出的判断。大自然在造物时，没有一分偏心。细细打量每一个你遇到的动物，它们身体的色彩、结构和功能，都有着独一无二的美丽。

　　辨认、记住并区别各种动物的门类名称常常是一件让人崩溃的事。一只黑脉蛱蝶属于节肢动物门昆虫纲鳞翅目蛱蝶科，加上内地、香港、台湾称呼的不同，再加上学名与俗称的区别，常常弄得人抓狂。但对于一双善于发现的眼睛和一颗懂得欣赏的心来说，什么科、什么目、什么名称，都是次要的。认真观察，细细打量，每一个生命都是完美的艺术品。只是在大自然这个博物馆里，艺术品不是静止的，被摆放好的，而是可以在天上飞、在水里游、在大地上奔走的。

红斑翠蛱蝶

红斑翠蛱蝶的卵
2011.12.21

虎斑蝶

虎斑蝶的卵
2012.06.03

钮灰蝶

钮灰蝶的卵
2012.10.17

在危机四伏的山野里用三十六计求生

F i e l d

梧桐山　2012.08.26　　蟛蜞菊的花朵里，一只蟹蛛把自己伪装得天衣无缝，既逃避天敌，也等待猎物。

　　昆虫是深圳郊野里数量最多的动物，也是大自然里最基础的食物。天上的鸟，地上的蛇、青蛙，水里的鱼，都对它们虎视眈眈。

　　在危机四伏的生存环境里，昆虫没有庞大体魄、尖利爪牙和致命毒液自卫，它们最擅长的是装扮、躲藏和逃避。对付天敌，除去"走为上计"的逃亡术外，昆虫的招法层出不穷，是对孙子兵法三十六计最好的应用。

三十六计之暗渡陈仓遮掩法

　　在山野里行走，常常会看到枝叶上有一些毛茸茸的泡沫，还有一些像小小的堡垒，这都是昆虫幼虫的保护壳。成虫建起各种各样的掩体，保护没有丝毫反抗力的幼虫，幼虫在长大成熟后才离开。

沫蝉　东冲　2013.05.19

三十六计之瞒天过海保护色法

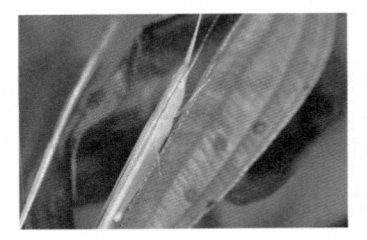

剑角蝗　长岭废弃巡逻道　2008.08.12

这只剑角蝗对自己和草叶融为一体的保护色比较有信心，镜头都快碰到它剑一般的触角上了，它依然纹丝不动。

黄粉蝶和它落脚的南瓜花融为一色

小脑壳　2012.12.23

保护色是昆虫最常用的护身术。山野里常常会发现蚂蚱、螳螂和蛾子飞起来的身影。

深圳昆虫最常见的保护色就是山野里最常见的两种颜色：绿色和棕色。按照达尔文进化论的观点，生物的保护色、警戒色是由自然选择决定的。蝗虫的祖先色彩有的像草丛有的不大像，不大像草丛的常被天敌吃掉，经过漫长的自然选择，蝗虫的颜色就越来越像草丛了。

三十六计之混水摸鱼拟态法

凤蝶的幼虫　梭椤谷　2012.09.23

凤蝶的幼虫重口味，模拟成鸟粪的模样。受惊时，它会突然翻出红色V字臭角，散发出特殊气味驱赶对手。

拟态是比保护色更高级的求生法。一些昆虫不仅在颜色上，而且在外形、姿态或行为上模仿其他生物或非生命物体来躲避天敌。

在深圳山野里常见的竹节虫喜欢栖息在灌木和竹林中，活像一根枯枝或枯竹，更绝的是它还可以挂在枝头，模仿风中摆动的树枝。

竹节虫　伯公坳　2012.10.14

这个最佳隐蔽者正在测试你的眼力：能看出哪一个是树枝，哪一个是竹节虫吗？

三十六计之借刀杀人警戒色法

突背斑长蝽

鹅公湾 2010.04.11

一场大雨过后，鹅公湾里的这只突背斑长蝽出门寻食。生存环境危机四伏，它在后背长出圆目怒睁、大胡子拉登模样的图案，不知能不能吓退一些天敌。

长翅尺蛾 金龟村 2010.05.01

靠警戒色装成有毒或可怕的动物是长翅尺蛾的绝招。

在深圳的山野里，昆虫用最丰富的色彩装扮自己，不是为了美观，而是为了生存。好些昆虫用鲜艳的图案和色彩表明自己的身体有毒，不能吃，不好吃，夺目的警戒色成为捕食者终身难忘的记忆。还有的昆虫根本无毒，却也浓妆艳抹，冒充自己有毒。警戒色可以是闪耀的金属光泽，也可以是黑红、黑黄等鲜明的对比色。

也有昆虫用图案伪装成天敌惧怕的动物。有些蝴蝶和蛾的翅膀上就有蛇头、兽眼的图案，用来吓退天敌。

三十六计之借尸还魂装死法

昆虫的假死实际上是一种很简单的刺激反应。因为当它们的眼睛或身体感觉到周围环境有些异动时，神经就会发出信号，浑身肌肉收缩起来。原来停在植物上的足就会缩起来，身体就会滚落下去。判断昆虫装死还是真死很简单，装死的昆虫足是收得紧紧的，要是真的死了，大多数昆虫的足都会松松垮垮地张开。尺蠖（huò）是装死的高手。尺蠖是尺蛾的幼虫，爬行时将身体像拱桥一样向上拱起，一伸一屈，如同人用手丈量尺寸一样，所以人们给它取名"尺蠖"。当它受到惊吓或敌害攻击的时候，身体僵直，悬吊在空中，一动也不动，就像一具僵尸，等到危险过去才"复活"，所以民间又叫它"吊死鬼"。

尺蠖 西洋尾古道 2012.10.14

其实，我是个演员

　　2012 年 1 月 14 日，在南澳的抛狗岭上最初见到这个毛茸茸的家伙时，大伙儿都被它可爱的模样吸引了，挤过去凑近看。大概是感受到了四周的动静，这只毒蛾幼虫的脊背上忽然裂开一条缝，就像一只在睡梦中惊醒后略微睁开的"眼睛"。同伴被这副模样激起了好奇心，轻轻摇了摇叶子，那只"眼睛"忽然睁大，"眼珠"碧蓝，活灵活现，此时如果是一只试图侵犯它的小动物，一定会被吓一跳，退避三舍。

　　千百万年里，各种生命就是用这样力所能及的智慧与演技，逃避伤害，求得平安，一代又一代地繁衍下去。

安静

受惊

警告

恐吓

以爱火竞入，世间凡夫亦如是

F i e l d

乌桕大蚕蛾

梧桐山 2008.09.14

乌桕大蚕蛾是世界上最大的蛾类，展开的翅膀一般有18—21厘米宽，有的甚至可达30厘米，花纹酷似蛇头，可以恫吓天敌，所以又被叫作"蛇头蛾"。

因为翅膀上都覆盖着鳞片或毛，蝴蝶和蛾都属于鳞翅目的昆虫。整个鳞翅目有18万种昆虫，其中只有10%是蝴蝶，其余90%都是蛾。尽管如此，我们对蝴蝶的了解和喜爱远远要比蛾多，这也许是因为蛾大部分在夜间飞行活动，也正因如此，在东西方文化中，不约而同地认为蝴蝶是"飞行的花朵"，是美丽、阳光、情爱的象征，而蛾从黑暗、角落里飞出，是阴森、厄运的象征。其实，蛾的漂亮华丽一点也不亚于蝴蝶。好在，昼伏夜行的蛾并不因为人类的评价而自卑，它们自由自在、缤纷绚丽地生长在大自然里。

每次在山野里露营，夜晚点亮营灯，就会有大大小小的蛾子围上来。飞蛾为什么扑火？佛经里说是因为爱，"以爱火竞入，甘自焚，世间凡夫亦如是"；诗人说是为了追求光明，"不安其昧而乐其明，是犹夕蛾去暗，赴灯而死也"；科学家的解释是，蛾只是把灯光当成了晨曦，夜间飞行的蛾白天要找地方躲藏起来，当黎明的阳光刚刚出现时，蛾会向阳光飞去寻找最佳的藏匿地点，而我们点亮的灯火恰恰扰乱了它进化了数万年的本能。

究竟该相信谁？大家自己选择吧。

玉钳魔目夜蛾

梧桐山 2012.10.09

在阴暗的密林山谷里行走，有时会惊起一两只昼伏夜出的魔目夜蛾，它的翅膀真的像一张魔鬼的脸孔，尤其是那双诡异的大眼和横贯的眼纹。它的英文名是Owl Moth，意思是"猫头鹰蛾"，细细打量，还真的有点像猫头鹰。

枯叶夜蛾幼虫
梅林后山 2012.07.29

枯叶夜蛾幼虫的身上长了一对滴溜溜的假眼睛。

粉蝶灯蛾 抛狗岭 2012.11.08

蛾大都是在晚上出来活动，粉蝶灯蛾却是个例外，白天在深圳的山野里也能常常见到。它们白天恋花，夜晚追光，短暂的一生过得有声有色，尤其是交配时，雌雄交叠，头尾反向，用翅膀盖住身体，文雅可爱。

蓑蛾 洞背后山 2012.12.16

不要以为这是一堆枯枝，它其实是雌性蓑蛾和幼虫吐丝做成的蓑囊，在上面粘上一堆断枝做伪装。蓑蛾又被形象地称为避债虫，其实它不是在逃债，而是在逃避天敌的侵害。

慧尺蛾 马峦山 2012.05.13

马峦山上把自己伪装成一片枯叶的慧尺蛾。

鬼脸天蛾 梧桐山 2012.06.23

奥斯卡获奖电影《沉默的羔羊》海报。仅仅在亚洲才有的鬼脸天蛾成为片中重要的破案线索。

鬼脸天蛾应该是世界上最有名的蛾，它最显著的特征是背部有一个阴森诡异的骷髅图案，更因为它出现在电影《沉默的羔羊》海报上而一夜成名。在深圳生长的蛾中，它是少有的可以发出叫声的蛾。

短带三角夜蛾
西贡村 2012.07.12

短带三角夜蛾翅膀上的图案是标准的几何结构图，颇有古罗马风格。

一只正在吐丝的蚕

蛾与人类最大的关联有两个：无数的飞蛾吸取花蜜为生，为植物的花朵传播花粉，是地球复杂的生态圈中重要的一环；无数的家蚕为了保护自己而结茧，结果却被人类用来制作丝绸。

蚕吐的丝单根可达 800 米长。

绿尾大蚕蛾 梧桐山 2012.08.26

在深圳见过的蛾里，绿尾大蚕蛾是最美的，它们的翅膀像一面风筝，上面有一对小眼睛，还有一对粉红色的尾带。

豹尺蛾 曾屋老村 2004.10.10

豹尺蛾的触角像京剧演员头上的翎子。

因为外观和行为的相似，我们常把蝶和蛾混淆。在深圳的山野里，区别它们比较简单的办法是：蛾头部的触角大都是像羽毛一样的形状，蝴蝶的触角大都像细棍棒；蛾的身体一般粗壮，蝶的身体纤细；蛾飞行时缓慢迟钝，距离较短，蝶飞起来灵活快速；落在花草上时，蛾的翅膀大多打开平铺，蝶的翅膀会直立合起。

密集生存的智慧

　　在山野里，常常会遇到枝叶上蝶蛾的幼虫密密麻麻地聚集在一起，看得让人心里发毛。密集生存正是蝶蛾幼虫的生存策略：

　　一般蝶蛾都有保护色，聚集起来的蝶蛾会放大色彩的效应，对天敌起到阻吓作用；

　　群居的幼虫会给猎食者带来无从下口的困惑，即使天敌突破了心理障碍，群居的幼虫也可以牺牲部分同伴换来族群的延续——再贪婪的猎杀者也有吃饱的时候；

　　为了抢食，群居的幼虫之间还会在体力和智力上相互竞争。研究证明，群聚的幼虫会比单只的幼虫长得更快，更强壮。

聚集在一起的枯叶蛾幼虫

北山道溪谷 2012.08.25

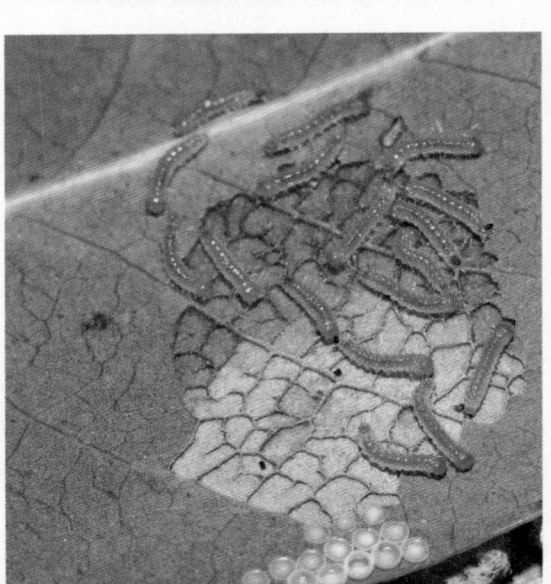

蛾的幼虫

洞背后山 2012.12.16

这些是刚刚从卵中脱壳而出的蛾的幼虫。留心它们蚕食叶片后留下的痕迹。最下面是还未孵出幼虫的卵。

与蜻蜓的相处方式

F i e l d

斑丽翅蜻 梅林水库 2012.09.23

第一次见到斑丽翅蜻在空中飞翔时，大家惊诧，这到底是蝴蝶还是蜻蜓？它的两对翅膀可以同时向不同方向摆动，舞成一团，活像一只斑斓的蝴蝶。斑丽翅蜻又叫彩裳蜻蜓，琥珀色的翅膀上有深褐色的图案，是最美丽的蜻蜓之一。

在深圳的郊野、山岭和溪谷里，最常见的飞行昆虫，除去蝴蝶，就是蜻蜓。理论上，深圳应该有 100 种以上的蜻蜓，占整个中国蜻蜓种类的 10%。

1842 年，英国人割占了深圳河对岸的香港。几乎与此同时，来自英国的学者就开始研究当地的蜻蜓和豆娘。1854 年，学者 Baron de Selys Longchamps 发现香港第一个本土蜻蜓品种方带幽蟌（cōng）。此后的 100 多年里，香港共发现记录了 115 种蜻蜓，其中 4 个物种以及 1 个亚种为香港独有。

如今的香港，已发现的蜻蜓种类和数量超过整个欧洲。这是香港生态环境和物种多元化的一面镜子。占香港土地面积 40% 的郊野公园、原生态的丛林、保护良好的田野、清澈的溪流池塘和洁净的湿地，为蜻蜓提供了良好的生存环境。

1965 年，第一本完整的香港蜻蜓记录完成，此后不断修正增补。2001 年，香港渔农自然护理署专门成立"蜻蜓工作小组"，整理出版了面向大众的《香港蜻蜓图鉴》，用生动的图片和通俗的文字介绍香港所有的蜻蜓，深受市民喜爱，多次再版。在这个只有 700 多万人口的城市里，有民间自发的蜻蜓爱好小组，有专门为蜻蜓建立的网站。

用香港学者陶杰的话说：这是一个城市受人尊敬的品位和格调。

从地理环境上讲，深圳和香港连为一体，没有自然生态的隔离和差异，生物的种类和数量也应该一样，香港有多少种蜻蜓，深圳也应该有。只是，我们竭尽全力、呕心沥血地在打造 GDP，还没有顾得上留心小小的蜻蜓。

如果，深圳和香港在蜻蜓的数量和种类上，在蜻蜓落脚的植被、产卵的溪水上，在所有动植物生存的环境上，也出现了"一国两制"，那将是深圳的悲哀。

丹顶斑蟌

清林径水库 2012.04.04

两只柔情蜜意的丹顶斑蟌。

蜻蜓交配时身体会融合成无比奇妙的图案，似乎充满了生命的玄理和隐喻。

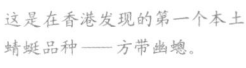

方带幽蟌

这是在香港发现的第一个本土蜻蜓品种——方带幽蟌。

截斑脉蜻 尖马山 2012.05.13

在深圳，我最喜欢的蜻蜓是截斑脉蜻，它半透明翅膀上的图案和金属光泽庄重典雅。蜻蜓竭尽全力装扮自己有两个基本目的：吸引异性，同时展示所占据的地盘。雄性蜻蜓和蝴蝶、鸟儿一样，会划出自己的领地，拼死保护，驱逐其他侵入的雄蜻蜓，但有雌蜻蜓飞进来时，就会极力挽留，用尽浑身解数完成交配。

碧伟蜓

梧桐山 2012.05.26

被螺寄生的碧伟蜓。

这只螺乘着专机飞来飞去，好不惬意。只是软体动物必须在水中生存，它在蜻蜓身上活得下去吗？

田野　Field

捕食者和被捕食者

强食 大鹏半岛 2012.07.01

大鹏半岛西洋尾古道，正在猎食一只蜜蜂的赤褐灰蜻。

蜻蜓是飞行速度最快的昆虫之一，每秒钟可达 10 米。与鸟儿、蝴蝶不同的是，有的蜻蜓能在空中直接后退飞行，并能在飞行时直接捕食猎物。

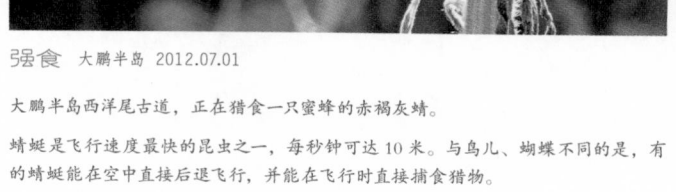

弱肉 洪湖公园 2011.05.25

被红耳鹎捕获的蜻蜓。

同室操戈 梧桐山 2010.07.02

蜻蜓捕食豆娘。

昆虫界里的大眼睛

蜻蜓的复眼

蜻蜓是眼睛最多的昆虫，它头上那两只凸出的大眼睛由成千上万只小眼睛紧密排列而成，每只小眼睛又都有视力和感觉细胞，这种奇特的眼睛叫作"复眼"。

蜻蜓的复眼在昆虫界要算最大最多的了，最多可达到 2.8 万只。它们前看后看上看下看都不用转身。有了复眼这一"雷达"，蜻蜓就可以在飞行时直接掠食。当猎物在眼前移动时，每一个"小眼"依次产生反应，在 0.01 秒内就能看清运动中的物体，并能准确地计算出目标物的运动速度，反应速度比人类快出 5 倍。

一只纤细修长、亭亭玉立的蜻蜓，一般要经历 11 次以上蜕皮。长成后的蜻蜓千姿百态，翅膀的脉络、身体的颜色和头颅的造型变化多端。

我不是娘，我只是纤细

烟翅绿色蟌
大龙村 2012.04.22

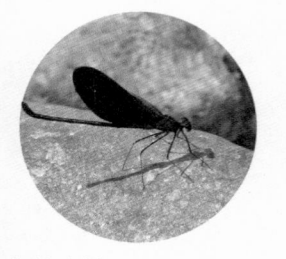

华艳色蟌 马料河 2009.05.01

在溪谷和池塘边，常常见到一些身材纤细、飞飞停停的"蜻蜓"，它们其实是豆娘。"豆娘"这个名字是对均翅亚目最生动的形容。

蜻蜓和豆娘同属蜻蜓目，分属差翅亚目和均翅亚目。蜻蜓后翅基部比前翅基部稍大，翅脉也稍有不同，休息时四翅展开，平放于身体两侧；豆娘前后翅的形状和脉序相似，休息时一般四翅竖立。

和蜻蜓比起来，豆娘体型更加细小，两个眼睛分得很开，活像一对小哑铃。它们颜色鲜艳多变，却不能飞远飞高，阳刚不足，阴柔有余。

深圳山野里最常见的豆娘是华艳色蟌。几乎有溪水的山谷里都有这种长着一对漆黑翅膀的小精灵，它落在溪水间的石头上和枝叶顶端，亭亭玉立，顾盼生姿，也不太怕人，可以凑近细细打量。阳光照在它身上，会反射出金属光泽，甚是动人。

田野好声音

北红尾鸲（qú） 洪湖公园 2007.01.06

正在洪湖公园放声高歌的北红尾鸲。

"早起的鸟儿有虫吃"，作为食虫鸟的北红尾鸲，天还麻麻亮就开始捕虫鸣唱。尤其是用过早餐之后，雄鸟常常会站在巢穴附近的最高处引颈高歌，歌声有两个含义：向雌鸟表达欢迎爱慕之意，警告同性——这是我的地盘。

　　夏日到来，万物茂盛，树林、草地、水池中的生命，轮番唱着大自然里的好声音，即使是住在小区里的人们，也可以从早到晚地欣赏到它们的演唱。

　　天刚蒙蒙亮，迫不及待发出鸣叫的就是鹊鸲。民间把鹊鸲称作"四喜鸟"："一喜长尾如扇张，二喜风流歌声扬，三喜姿色多娇俏，四喜临门福禄昌。"可爱而招摇的叫声导致它常被人奴役，养于笼中玩赏。

　　太阳出来后，蝉鸣成为主角，每个雄蝉都声嘶力竭，用鸣叫吸引异性，以获得交配的机会。

　　夕阳西下前，百鸟归巢，八哥、麻雀、红耳鹎、喜鹊各自成群，聚在一起欢快地鸣叫，似乎是在用只有它们才懂的语言叽叽喳喳地交谈，抢着述说一天里的收获和趣闻。

　　太阳下山后，鸣虫和蛙类开始登上舞台，蛐声轻柔，螽音清脆，蝗鸣响亮……是特别悦耳的"田野好声音"。如果正好有一场雷阵雨降落，蛙的求爱进行曲就会格外亢奋，像合唱团里的男中音，与鸣虫细柔的叫声配合在一起，此起彼伏，远比汽车马达、空调冷却机的声音悦耳得多。

数年的修行只为了这两周的歌唱和相会

一只正在枝头抓紧时间歌唱的斑蝉

龙之尾水库 2009.05.01

在夏日的山野里行走，除去鸟叫之外，最常听到的就是蝉鸣。问过一起行走的同伴：蝉的寿命有多长？大部分人会回答：很短，一个月吧。

事实上，一只蝉的寿命最短 3 年，最长 11 年，但它们大部分的时间都是在暗无天日的地下度过，真正在阳光下歌唱的时间只有两周左右。

夏天，雌蝉产卵后一周内就会死去，卵经过一个月左右的孵化，长成初龄若虫，初龄若虫掉落到地面，马上寻找柔软的土层钻进去，开始漫长的潜伏生活，潜伏期从 3 年到 10 年不等。它在暗无天日的地下经过 4 次蜕皮，长成幼虫，在它认为成熟的时机，钻出地面，穿越各种危险，爬上树干，开始羽化。

蝉的羽化，也就是我们通常讲的"金蝉脱壳"，是一个令人感动的过程：爬在树干上的蝉蛹外壳从头胸处裂开，蝉像新生儿一样慢慢爬出来，玲珑剔透、图案美丽的蝉翼缓缓张开，一个生命从此正式成熟。

羽化后的蝉大都只有不到一个月的寿命，它们珍惜时光，拼命用鸣叫吸引异性。被歌声吸引的雌蝉会主动飞来和雄蝉交配，短暂的幸福后，雄蝉很快死亡，雌蝉在产卵后也将告别人世。

蝉那漫长而又暗无天日的修行和等待就是为了一段短暂的歌唱和相会，真的有些禅意——天上地下、几经蜕变的一生生动演绎了佛教苦、集、灭、道的基本理念，肉体穿过凡尘，修行达到彼岸。

西方人对蝉的理解就有趣和轻松得多，因为只有雄蝉才会鸣叫，所以古希腊人留下一句谚语：蝉啊，你真是幸福，你有一个不会说话的妻子！

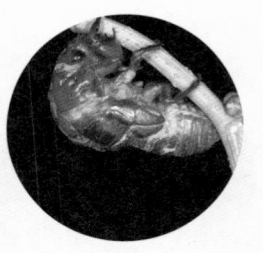

露头

↓

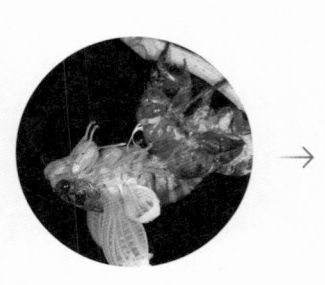

展翅

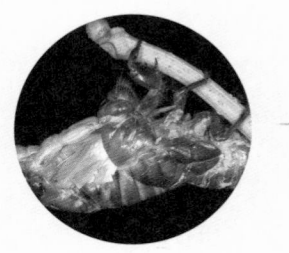

起身

新生

田野传来"接铃"声

　　事实上，所有的鸣虫都是"哑巴"，它们的歌声不是来自声带、喉咙，而是身体的摩擦和振动：蟋蟀用前后翅膀相互摩擦发声，蝉则是靠腹部的鼓膜振动。

　　人类的歌大都吟唱爱情，鸣虫的歌声也主要是为了求偶。在民间，鸣虫间表达爱情的声音有一个很动听的名称，叫"接铃"。当然，鸣虫也会悠然自乐地低吟。歌声还可能是它们争夺领地的警告和面对危险的信号。

中华纺织娘

西贡古道 2012.09.15

它们发出"沙沙"或"轧织、轧织"的声音，很像古时候织布机的声音，所以被人们取名为"纺织娘"。

南方油葫芦　梅林后山 2012.07.19

南方油葫芦比北京油葫芦身手矫捷，叫声却远不如北京油葫芦优美动听。两者的不同，有点像讲究实干的深圳人和能说会道的北京人。

悦鸣草螽

马峦山 2012.11.11

悦鸣草螽的鸣声连续而微弱。

各种鸣虫都有自己祖先传下来的"曲调"。这些专有曲调不仅仅方便同伴相互交流，还可以与其他鸣虫保持生殖隔离，保证繁衍时血统的纯正。

倾听另一个世界的声音

四喜鸟　梅林一村　2007.01.06

噪鹃　莲花山　2010.03.20

曾经有一些深圳市民向电视台、电台投诉一种鸟"扰民"，这种"喔哦、喔哦"的鸟叫声凄婉哀怨，好似哭啼，由低渐高，日夜不息，这其实是噪鹃的"杰作"。

在大自然里行走，有时会让人有一种时光穿越的恍惚。都市日常的喧嚣——汽车的轰鸣，音乐的声响，人声的鼎沸——都消失了，一片宁静中，大自然的天籁之声渐渐清晰：风儿掠过枝叶的声音，鸟儿高高低低的鸣叫，昆虫穿梭在草丛中的响动……忽然，一片硕大的榕树叶飘落到地面，发出一声轻轻的"咔嚓"声，像极了相机的快门……

鸟儿的鸣唱始终是山野里的主题曲，"哥哥苦，哥哥苦"是珠颈斑鸠的倾诉，"不如归去"是四声杜鹃的呼唤，"行不得也哥哥"是鹧鸪的广东话发音。

2009年冬天，我们由废弃巡逻道登小梧桐，白茫茫的大雾笼罩着整个山岭，10米之外什么也看不到，大杜鹃如泣如诉的鸣叫不时从雾中传来，仿佛穿过时光隧道，是另一个世界的声音……

我们都是从没有声光电的年代进化而来，内心埋藏着对"明月松间照，清泉石上流"的向往，在山水间行走，可以享受片刻宁静，聆听自然之声、天籁之音。

特别推荐：http://www.szbird.cn 深圳观鸟协会

截叶糙颈螽

梧桐山　2012.07.30

和"中国好声音"选手的高调张扬不同，鸣虫低调得有点过分，它们大都隐藏在夜晚的幽暗处，在草丛的深处和石头的缝隙中，要循声找到它们的身影是一件挺难的事。

花细狭口蛙

围岭公园　2012.08

夜色降临，花细狭口蛙鼓胀身躯，发出爱的鸣叫。

一棵树对深圳人有多好

F i e l d

凤凰木

大鹏所城 2012.06.01

凤凰木被誉为世界上花朵色
彩最鲜艳的树木之一，树冠横
展下垂、浓密阔大，是小区、
街道中最常见的遮阴树木。

深圳的树木对深圳人的好，印证了释迦牟尼佛的一句话：森林就像一个无限慈悲的生物体，它一无所求并付出生命的产物，它给予众生各种各样的呵护，甚至给伐木人遮阴。

深圳有1700多万人口居住，一棵5米以上的树，可提供4个人一天所需的新鲜氧气。

深圳有超过370万辆的机动车，每辆车每年一氧化碳的平均排放量在0.7吨以上；一棵高5米以上的树，每年可吸纳一辆汽车行驶16千米所排放的污染物。

地处亚热带的深圳，夏日骄阳似火，而林木面积每增加1%，气温就可降低0.1℃。

每年夏天台风袭来时，林带可在树高20倍的范围内减缓风速50%；在车水马龙的深圳街头，每5米宽的林带可降低噪音1—2分贝。

深圳是一个"贫水国家的贫水城市"，人均水资源占有量仅为全国平均水平的1/10，树林是存储和净化水源的中转站，1万平方米的林地比裸地多储水3000立方米。1万亩树林的蓄水能力相当于蓄水量100万立方米的水库。

一棵树可提供阴凉，可增加湿度，可让鸟儿落脚筑巢，可为动物提供栖息地，还可以救命——2012年9月7日，两位男子带着一个小孩开着电动三轮车在马峦山游玩，车子失控掉进30米深的山崖，山谷里茂盛的树冠托住了小孩，两个男人在树枝的拦截下缓冲落地，保住了性命。

树木无言，我们要知恩图报。

已生长了600年的小叶榕　南山南园村

600年前，这棵小叶榕开始生长，也就在那时，"深圳"地名才第一次在史籍中出现。

榕树为什么会成为深圳最常见的古树？除去榕树对土壤、温度有强大的适应性之外，最主要的原因是榕树既不能作为栋梁之材盖屋，又不能作为适用之材制作家具，"常为大厦以容人，能庇风雨，又以材无所可用，为斤斧所容，故曰榕，自容亦能容乎人也"（清朝屈大均《广东新语》）。

木棉　景田东路　2013.03.07

每年3—4月，深圳街道的两旁，木棉以其夺目的花成为主角。木棉树开花时，枝干上的树叶全部会落尽，似乎是在专心致志、竭尽全力地开花，花红如血，硕大如杯，远远看去，好像一团团在枝头燃烧的火苗。

银叶树　坝光盐灶村　2008.03.21

坝光盐灶村的背后，生长着一片古银叶树林，它是我国目前发现的最古老、面积最大的银叶树群落。林中超过百年以上的古树有27棵，超过300年的有15棵。其中一棵树龄已超过500年，最壮观的是它的板根，有近2米高，像一条卧龙，扭曲、盘错，伸展到十几米之外。这棵天长地久的老树是深圳的新人们拍摄婚纱时最喜爱的背景之一。

西贡村550岁的香樟树

2006.03.06

鹅掌木　大龙山　2012.01.19

大龙山脚一棵被砍伐的鹅掌木，年轮依稀可见。年轮是一棵树的日记，透露出一棵树的年龄。一棵年代久远的大树被砍倒后，人们可以从年轮测知过去发生的气候变化和自然灾害。

选美的标准

Field

人嘛，处处有好人，处处
也有坏人。而植物无论从正面看，
侧面看，左看右看，都好看。
　　——香港植物学家胡秀英

树木，是深圳寿命最长的生物——南山区南园北头西街 35 号门前的那棵老榕树，已经超过 600 岁；树木，是深圳体格最庞大的生物，它从太阳吸收了最多的能量，制造了最多的有机物；树木，也是深圳最忠厚善良、优雅多姿的生命体，与我们朝夕相伴的每一棵树，都有讲不完的故事和说不尽的美丽。

倘若可能，深圳人应该举办一次深圳树木的选美，让我们了解、欣赏、呵护、敬重每一棵树。每一个深圳人都是这场选美的评委，要先学习如何发现、鉴别和欣赏一棵树的美丽。

忠厚之美

1949 年 10 月 19 日，深圳居民在火车站迎接解放军，背后可清晰地看到当时深圳火车站的站名"深圳墟"和一棵枝繁叶茂的榕树。64 年过去了，如果这棵树还活着，会目睹这片土地天翻地覆的变化。如果没有人为的挪移，一棵树一生都会忠实地守在一个地方；如果没有人为的伤害，它的寿命足以见证几个朝代的变更。

一棵树的种子一旦开始生根发芽，就算是选定了一生的落脚处，终生在那里守望。它用枝叶防风，遮阴，隔离噪音；它用躯体让人建屋，做家具，铺地板；它结出的累累果实，不仅是人，也是各种动物的食物；它全方位地开放身体的各个部分，让鸟儿搭巢，蝴蝶产卵，蜜蜂采蜜，蚂蚁建窝，天牛吸食液汁，蝉在枝头歌唱；它还让藤蔓植物攀附生长，苔藓和地衣依托繁衍……

一棵善良宽厚的树，从时间上见证着光阴的变迁，在空间上是好些生命寄居的社区。

形体之美

一棵树，可以像木棉、椰树、棕榈一样笔直，也可以像榕树、银叶树一样繁茂。一棵长上百年的老榕树，一把一把的气根接触到地面会变成一株株的树干，母树连同子树，蔓延不休。

一棵树的体型，除了受品种特性影响外，生长环境也起着决定作用。梧桐山中生长的棕榈树，为了争取阳光和空间，专心向上，长得高大挺拔，鹤立鸡群，而莲花山公园里那棵生存空间宽裕的洋紫荆，则长得丰满舒展。最可怜的是小三门岛上的山乌桕，常年受海风吹拂，树干低矮歪斜，朝一个方向弯曲，看上去饱经沧桑，未老先衰。

大鹏半岛 2013.04.13

500 岁的秋枫在水中的倒影。

内伶仃岛 2011.12.22

内伶仃岛旧军营前的老榕树，独树成林，占地数百平方米，把墙都包裹了起来。

面容之美

常言道，人活脸，树活皮。只是，在现实中，有些不要脸的人可以活得有滋有味；而没有了树皮的树，却无论如何也活不下去。

在山岭田野里细细观察一棵树的树皮，会发现各有千秋。有的树皮平滑细腻，犹如孩童的脸蛋；有的树皮粗糙不平，犹如风化了成千上万年的礁石；有的树皮布满绚丽的花纹；有的则呈现奇异的颜色。刺桐、木棉的树皮长满自我防护的瘤刺，马尾松的树皮就像鱼的鳞片，而深圳常见的绿化树白千层，叠在一起的树皮像一张张翻开的书页。

细细观察一棵树，会发现大部分树皮实际上分为内外两层，内层是活的，不断生长和输送养分，外层已死亡，却仍然紧紧包裹着树木，形成一个至关重要的防护罩。

东湖公园 2013.02.15

美丽异木棉的树皮。
树皮上密密麻麻的突刺是为了保护自己不被动物啃食掉。

红树林保护区 2013.02.06

与美丽异木棉相反，白千层薄薄的树皮可以像纸一样一张张揭起。层层叠叠的树皮是许多小生命的庇护所。

叶片之美

冬日里乌桕的叶子　洞背村 2012.12.22

西贡古道上的落叶
2010.06.17

　　一棵成熟的树木，有成千上万片树叶。美丽的树叶不仅仅是树木的衣饰，也是一座座小型发电厂，源源不断地为树木提供生长所需的能源，不同的是它们不会使用燃料，不会制造垃圾，它们只是吸收阳光，加工转化过程零排放。

　　一片树叶也算得上是一棵树的名片，辨别树叶的形状、颜色、大小、叶脉的分布、叶面和叶底的质感、排列的方式（单叶或复叶，对生或互生），是我们认识一棵树的途径之一。

花朵之美

　　其实，我们大部分人最开始注意一棵树，常常都是因为它盛开的花。树木开花的时候是它最动人，也是最易被辨认的时候。

　　千变万化的花儿是树的生殖器，雄蕊产生花粉，传授给雌蕊后结出果实。为了繁衍后代，许多树都会开出绚丽和带着香气的花朵吸引动物，当这些动物飞来跳去地在树木间享受香甜可口的花蜜大餐时，就会把粘在身上的花粉从这一朵带到那一朵，为树木的传宗接代出一把力。

直接开在树干上的杨桃花
横排岭 2013.05.29

马尾松的雌球花
马峦山 2013.03.03

果实之美

一棵树，为了避免同种同族竞争阳光、养分和领地，必须把后代送到尽量远的地方落地生根。

只是，树木自发芽后就不会再移动，树木的种子必须依靠外力才能广泛传播。除去风力和水力之外，树木主要依托的还是动物。许多树木演化出了色彩诱人、香甜可口的果实，让动物，主要是鸟儿来享受。鸟儿吃了果实后，随着粪便的排出四处散播树木的种子。

如果种子落地，又有合适的环境，便会发芽、生根，一株新的生命就会诞生。

和花朵一样，树木的果实之美，也是源自繁衍的本能。

芒果　金湖路 2012.07.12

深圳市区有几个街道两旁的绿化树是芒果，每年果实累累。

油柑子　马料河溪谷 2000.01.01

油柑子浅黄色的果实布满锈迹般的斑点。微涩带甜的果实是深圳山野里鸟儿的美食。互惠互利，鸟儿也将油柑子的种子带向四方。

根须之美

树的根，显现了生命的顽强。

我们通常会认为树木的根应该扎得很深，事实上，在土地贫瘠和土层较薄的深圳，大部分树木的根只能在地下2米之内生长。但树根的横向生长能力十分强大，它的根须会和树的高度一样长。一棵20米高的树，根须蔓延的面积差不多会有半个足球场大。

树根是树木吸收养分和水分的管道，也是树木稳立于地上的支撑。树根可以挤裂坚硬的水泥地、石板路，可以在岩石、墙壁上盘结。海边的红树林，会长出呼吸根、板根、膝状根、升高根和橄状根，以适应潮汐的淹没、海浪的冲击。

银叶树的板根　盐灶村 2010.11.12

银叶树长出一米多高的板根来放大支点，抵御台风的袭击。

在水库下淹没了52年的老树根　清林径 2012.03.24

2012年，清林径水库接近干枯，淹没在85米水底的西湖村重新浮现，最醒目的是当年村口老树的根，在水底浸泡了52年后，依然风骨嶙峋。

我们对树木施展的檀香刑

获得诺贝尔文学奖的莫言在小说《檀香刑》中描述了刽子手在处死同胞时的十余种"精妙绝伦"的手法。树木恩惠深圳人，但有些深圳人砍伐、盗采、破坏林木的手段不亚于残忍的刽子手。

如果一个城市连对自己有恩的树木都不尊重，不呵护，怎么能指望城中的人会相互尊重，知恩图报？

拦腰斩杀法

伯公坳 2000.01.01

剥皮凌迟法

坝光老村 2011.04.10

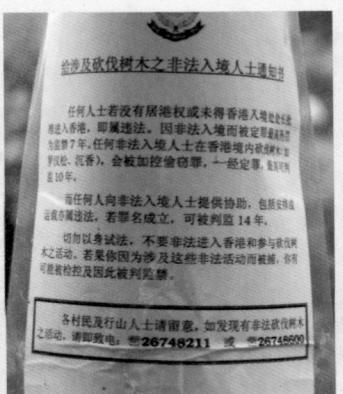

越界盗杀法告示

八仙岭（香港）2011.10.01

在香港的山岭中，常常看到这样的告示。一些人在深圳已找不到可以盗伐的沉香树，就到香港去犯案。

成片砍头法

鹅公湾 2005.04.24

为抢种荔枝，大片大片的原生林被砍掉。

五马分尸法

马峦山 2010.11.21

割肉抽筋法

西洋尾古道 2012.09.15

再好的风水也庇护不了
无所畏惧的人

鹅公村 2009.11.28

鹅公村口百年古树的残骸上，还挂着编号为 0887 的"古树名木"保护牌。

鹅公村 2013.06.15

已活了 150 年的樟树在水泥、神台、香火的包围下死亡。在对树木千奇百怪的伤害中，最不可思议的是香火熏杀法，有些人认为年代久远、根粗叶茂的老树有"冲气"，有神仙庇护，因此常常在树下修建神坛，烧香烧纸祭拜。1998 年至 2005 年 7 月间，深圳市内就有 9 棵百岁以上的古树被香火熏死。

半天云村 2005.11.20

半天云村村后风水林中树龄超过 400 年的秋枫，要 5 个人才能合抱。

纪伯伦说：假如一棵树来写自传，那也会像一个民族的历史。

在原深圳二线关内，从 1998 年至 2004 年，有 86 株年龄超过 100 岁的古树死亡和失踪，它们的死亡原因不是衰老，而是人为的伤害和砍伐。

深圳都市化的 40 年，成为深圳百年老树数量锐减、受伤最深的一段时间。

数百年前，深圳的百年老树大都生长在风水林中。深圳本土先民在安家落户时，会选择"藏风""得水"、形局佳、气场好的地方。为了"挡煞气""乘生气"，先民们很早就在村后栽培养育风水林。他们把树木的生长态势当成家庭乃至全村兴衰的标志。

风水林最生动地展现了人与自然和谐相容、互利互惠的关系——村民因相信林木能给他们带来好运而用心培育、呵护，茂密旺盛的风水林不仅给村民信仰的寄托，还能给予现实的回报——减弱台风，遮阴避暑，保持水土。

在深圳老村的背后，大都有一片少则几亩、多则十几亩的原始次生林或针阔叶混交林。然而上百年的树木逃过了数不清的战乱、灾害，却没有能逃过今日的砍伐，因为要盖新楼，因为要搞开发，因为要抢种荔枝树向政府索求赔偿，老祖宗留下的风水林正在被大规模地毁掉。

今天的一些深圳人，对保护生态环境的劝告根本听不进去。如果连关系到自己平安、财气、官运、性命的自然风水都敢下手毁掉，那就真是不可救药了。

创造奇迹的方法

Field

觅食的北红尾鸲（qú） 洪湖公园 2013.02.14

洪湖公园里，滴水观音（海芋）鲜艳的红色果实吸引了北红尾鸲。这种看上去鲜嫩可口的果实人吃了会中毒，却是一些鸟儿的美食。

种子组成这样浩浩荡荡的千军万马，飞越山峰，穿过洼地，跨越河流，留下纷繁复杂的轨迹，看准风停的间隙，找个陌生的所在歇息，随之便孕育出又一个种群……我相信种子里有强烈的信仰。相信你也同样是一粒种子，我已在期待你奇迹的发生。

——梭罗《种子的信仰》

种子是什么？它们是植物竭尽全力结出的果实，是盛开的花朵授粉后由子房发育的结晶；它们是植物传宗接代的希望，是植物开启另一段生命的寄托。按照德国自然学者查尔斯·科瓦奇的描述：每一粒种子都是一点点亮光，如果我们能透视大地，大大小小的种子看起来就会像满天繁星。

迁徙，是深圳的基因，在这个城市里，90%的居住者都曾是告别父母、远离故乡的移民，这一点，与大自然里的植物相近。植物总是千方百计地把子女送向尽可能远的地方，并非草木无情，而是更深更远更大的爱——让下一代远走高飞的好处是：扩大族群的领地，增加繁衍生长的机会，尤其是避免了母株和后代争抢阳光、养分和空间。因此，所有的植物都用尽奇招来将种子传播到尽量远的远方。

山橙　东冲古道 2013.01.03

已被小动物啃食掉的山橙。

对于人来说，山橙剧毒，但它却是猕猴和一些鸟儿的美食。

色香引诱法

为什么很多植物的果实会长得五彩缤纷、香甜可口、营养丰富？它们是在用色香味吸引鸟儿和野兽把种子吃进肚子，带着它们在天空飞翔，在大地行走。在鸟兽的肠胃里，种子外层的种皮有抵御消化液的本领，保证种子能安然地穿肠越肚，随着粪便排出，落在大地上生根繁衍。

栀子　洞背后山 2012.12.16

悬钩子

马峦古道 2013.03.03

颜色鲜艳，酸甜可口，有点像草莓的悬钩子。

栀子的果实已是小动物的美餐，种子被带向远方，能不能落到大地，繁衍生长，那就要看它的造化了。

乘风远去法

借助风力来传播种子，是许多植物的奇妙本领，它们长出细长的茸毛或薄薄的翅膀，悬浮在空气中，随风飘荡到各处。最常见的是蒲公英果实上长着降落伞一样的冠毛，可以带着种子乘风翱翔。遗憾的是，深圳很少见到蒲公英，我们常常见到带有小伞的种子大都是蒲公英的近亲——其他菊科植物。

银湖绿道 2013.02.07

飞行器已经备好，就等一阵风儿吹来，我就奔向远方。

菊科植物的种子大多有冠毛，方便风力传播。

羊角拗的种子　七娘山溪谷 2013.03.01

长长的、降落伞似的茸毛，会把这些种子尽可能带到远一点的地方。

随波逐流法

应用这种方法的植物大都长在海边和溪水旁，它们的种子里大多有纤维质和海绵状组织，可以减轻比重，让果实像一叶小舟浮在水面上，随着水流漂到远方。对种子来说，"随波逐流法"比"乘风远去法"在体积和重量上限制更少，大到篮球大的椰子，小到红树林自然保护区里最常见的秋茄树和木榄的种子，都可以随着海潮和河流漂向远方。

银叶树

坝光老村 2006.10.12

银叶树密封的果实中有大量的空间，可浮在海面上，四处传播。

自力更生法

有的植物不能御风而行，不能随波逐流，也结不出醒目香甜的果实，但有自己独创的绝招。如有些种子的外面生有刺毛、倒钩，或能分泌黏液，只要轻轻一碰，就会立即粘附到动物的毛、鸟儿的羽和人的衣服上。等你发现了，把它摘下来，随手抛到地上，你已无意中充当了它的使者。在深圳，最常见的使用此法的植物就是几乎每个角落都生长的鬼针草。

求人不如求己，有些植物不借助任何外力，果实成熟后果皮产生一种张力，突然爆裂，将种子弹出来。深圳郊野常见的蓖麻和黄花酢浆草就是用这样的方法传播后代。

鬼针草 溪涌后山 2012.05.13

我们这里共有5种鬼针草，结的果实都像一个个稍扁的箭袋，里面的箭都尖向下插着，数量从2枝到6枝不等，早的10月2日前后就能成熟，随后便多了起来，有时能一直持续到第二年1月的中旬。假如有人路过或穿过一片半干的水塘，衣服上常常就会粘上不少这样的种子，如同在不知不觉中到了小人国，在一排排军人中走了一趟，无数看不见的士兵在愤怒中向你又是射箭又是投标枪……

——（美）亨利·戴维·梭罗《种子的信仰》

南国红豆，死里逃生

结满红豆的豆荚

二线巡逻道　2008.11.30

红豆，是深圳野生植物里结出的最浪漫的果实。

细细观察红豆最奇特的地方——它的外形和纹路都是"心"字形，如诗人刘大白在《双红豆》里写的："似心房，当心房，偎着心房密密藏，莫教离恨长。"红豆树的种子质地坚硬，色艳如血，光亮晶莹，不蛀不腐——大自然赐予的特质让它从古代就被当作寄托情爱的信物。

深圳马峦山二线巡逻道边上有一棵貌不惊人的凹叶红豆树，每年冬季，会长出褐色的豆角，干裂后露出鲜红夺目的种子，落在地面枯黄的树叶上，星星点点。这是在深圳郊野行走10多年见到的唯一一棵红豆树，我几乎每年都去看看它。

2010年11月，二线巡逻道改建"绿道"，机声轰隆，尘土飞扬，路边到处是支离破碎的大树，施工的人不肯把大树完整迁走，也不肯费事去砍去锯，而是直接用挖掘机的巨型铲子把树劈断，那些被开膛破肚的树看得让人心疼。赶去看那棵红豆树，万幸还在，离其他被劈倒的树不到1米。

如今，绿道工程已结束，不知它是否安然，是否开花结果，是否落满了一地的相思。

马峦山　2010.11.21

马峦山绿道施工现场，就差1米的距离，红豆树逃过一劫。

浪漫与真相

F i e l d

池鹭 深圳湾 2009.11.21

这对深圳湾里的池鹭似乎是情到浓时，相对起舞，含情脉脉地相互注视。它们在抢食。留心两只鸟脚下的捕鱼笼，这种被称为"迷魂阵"的捕鱼笼曾经在深圳湾罗棋布，大小鱼虾蟹被一网打尽。

我们在鸟儿已经栖息了千百年的领地上填海造地，污浊海水，最后，还要和鸟儿争食。要知道，我们抢吃的是候鸟飞行了数千里后补充体力的口粮，是留鸟活命养家的基本食物。和鸟儿抢食，是这个人均 GDP 已经超过 3 万美元的都市里最不可原谅的行为之一。

在深圳的山野里行走，观察到的各种动物生命，似乎永远处在求生、觅食和繁衍三种状态中。其中最引人注目、让人印象深刻的是雌雄间追逐交配的过程，有时还会遇到一些特别温馨浪漫、情意绵绵甚至热辣火爆的场面。

事实上，动物千变万化的亲热行为中并没有人类那样丰富的浪漫情感，雄性动物遇到雌性动物时，大部分会直接而简单地完成交配，站在人的角度看，甚至有些霸王硬上弓。只是，在这一过程中，雌性不会拒绝，有时是无暇无力拒绝，有时是主动逢迎，不论如何，都是依照本能完成传宗接代的任务——性吸引是大自然为了保持物种的繁衍赋予所有动物的本能；交配是任何一个发育完全的正常动物，不需学习、适应、模仿或经验就可以完成的行为。

本能，也许过于现实，却是大自然赐予生命的最基本的力量。

斑腿泛树蛙
梧桐山 2011.05.07

斑腿泛树蛙身子后面白色的泡沫不是婚纱，是雌蛙一边交配一边产的卵。一般蛙类会在水中或湿润的地方产卵，但斑腿泛树蛙一般在树上产卵，它们将孩子生在自制的白色泡沫中。那些白色泡沫让蛙卵保持湿润，让小蝌蚪能顺利孵化。

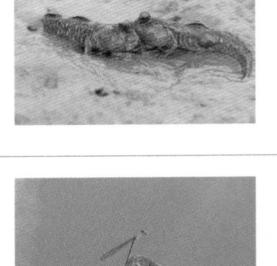

广东弹涂鱼 深圳西海岸 2011.11.12

两只好像在说情话的弹涂鱼。

在深圳西部近海岸边，常常能见到从滩涂里一跃而起的弹涂鱼，那是雄性弹涂鱼在跳求偶舞，引诱雌鱼。它还往嘴和鳃腔里充气，让头部膨胀起来，让自己显得更加雄壮。它不断地从自己的洞中钻进钻出，似乎在向雌鱼传达这样一个信息：进来吧，这里是你温暖的家！雌鱼一旦进入它的巢穴，雄鱼会以极快的速度用泥巴堵住"洞口"，关起门来度蜜月。

豆娘 清林径 2012.04.04

清林径水库边一对缠绵的豆娘。

长着数千只复眼的豆娘视野开阔，行动敏捷，雄豆娘可以在空中把正在飞翔的雌豆娘擒住，再用尾部紧紧扣住雌豆娘头部与胸部之间的位置，这样确保不被第三者介入。好在雌豆娘似乎很享受这样的"粗野"，把身体弯曲成了一个浪漫的心形，全力逢迎。

甘薯台龟甲 梧桐山 2012.07.30

梧桐山里这两只甘薯台龟甲是一对真正的"饮食男女"，一边进食，一边恩爱。在野外，常见到雄性昆虫在专心致志地忙着交配，雌性昆虫一点也不陶醉，只是埋头吃东西，它已经在为产卵繁殖储备营养。

窗萤

红树林保护区 2008.08.13

一对正在交配的窗萤。

动物异性间的吸引通常依靠气味、色彩和声音，而萤火虫用光来作为沟通媒介是罕见的创举。黑暗中的点点萤火是那样浪漫，但在光天化日之下，萤火虫从外表上看特别像蟑螂。相信如果没有腹部点亮的灯，没有人会喜欢这种小昆虫。

龙眼鸡 马峦山 2012.06.01

龙眼鸡是深圳常见的昆虫，在小区的树上和荔枝林都有它的身影，一身美丽的花斑和长长的鼻子十分讨人喜爱，人们常常把它误认为象鼻虫。

它们早已洗心革面

Field

斑络新妇 凤凰岭 2004.07.25

这是在凤凰岭拍到的斑络新妇，也就是我们俗称的"人面蜘蛛"。

留心左下方那只小小的红蜘蛛，那不是蜘蛛的宝宝，而是一只雄性的人面蜘蛛。它们体格相差是如此巨大，研究香港蜘蛛的英国动物学家曾经做了一个有趣的比喻：把两只这样的蜘蛛放在一起，就像一位身高2米的英国绅士娶了一位圣约翰大教堂那么高大的太太。

在这个女性如此强悍的世界里，你常见到的情景是，雄蜘蛛可怜地缩在蜘蛛网的一角，它们不会织网，也不会捕猎，整天蹭吃蹭喝，生命中唯一的寄托和作用就是交配，在完成交配后，可怜的它常常会被强悍的雌性蜘蛛直接吃掉。

在这个1700多万人居住的城市里，不知多少低调的邻家姑娘是山野里的蜘蛛修炼而成，它们面容姣好，身材柔软，心思缜密——犹如它们化身前编织的网。

全世界的蜘蛛有5万种，在世界上生存了30亿年，这是一个令人咂舌和肃然起敬的数字。没有人统计过深圳有多少种蜘蛛，它们一年四季遍布各个角落，从梧桐山顶的灌木丛到大亚湾海边的礁石缝，从视野开阔的空中到潺潺溪流的水底，从四通八达的绿道到我们卧室的墙角，都有它们的身影。

在深圳，人类踏上这片土地之前，蜘蛛就已生存了数万年，就已繁衍了无数代。所以，我宁愿相信，它们其中一些古灵精怪、充满理想的家伙早已修炼成人，和我们一起生活在这个都市里——就像电影《黑超特警》里的那些装扮成平民百姓的外星人一样。

深圳的山野里，蜘蛛最多的是靠近市区的塘朗山、凤凰岭和大南山，似乎离城区越近的山野，蜘蛛就越稠密，数量越庞大。曾在梅林后山见到过一只色彩斑斓的斑络新妇，展开后的身体有一个巴掌大，外形诡异，举止淡定，躯体上还附着一张栩栩如生的人脸，似乎正在专心修炼。

在这个每天都演绎着爱恨情仇的城市中，那些从蜘蛛化身成人的姑娘，为什么那样安宁、低调而不露声色？那是因为她们曾深深体验了生命的艰辛与不易，她们深深知道转生为人是多么幸运：一个人即使有无数磨难，却依然是万物之王，生命所享受的丰盛远远不是其他生命形式可比。

所以，我相信城中的那些蜘蛛精姑娘早已洗心革面，她们心地特别善良，特别珍爱生活，特别珍惜那些她们爱的和爱她们的人。

细纹猫蛛　马峦山 2009.09.12

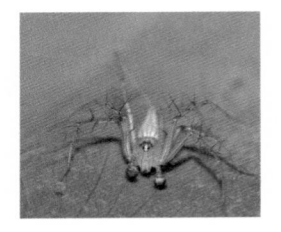

细纹猫蛛不织网，那副"拳击手套"
实际上是它的触肢。

长纺器蛛捕食蜈蚣

罗湖区　2011.09.17

在中国民间传说和金庸的小说里，
"五毒"指五种动物，分别是蜈蚣、
蛇、蝎子、蜘蛛和蟾蜍。眼下的
情景是，一毒降服了另一毒，位
居五毒之首的千足虫蜈蚣成了这
只长纺器蛛的盘中餐。

悦目金蛛

罗湖区　2013.07.22

悦目金蛛堪称蜘蛛中的 X 战警，
不但编织的捕食网是显著的 X 状，
连自己的形态都是双足并拢，远
远看去就像一个四足的 X 战警。

鸟粪蛛

梅林后山　2010.07.01

鸟是蜘蛛最大的天敌之一。将
自己扮成一粒鸟粪，应该是蜘
蛛最安全、最聪明的伪装方式。

泥蜂巢中已被麻醉了的蜘蛛
梧桐山　2013.06.02

泥蜂产卵后，会捕捉一些蜘蛛，用毒针将它
们麻痹。变得跟植物人一样的蜘蛛，成为泥
蜂幼蜂孵出后新鲜的食物。

一只正在享用斑蝉的人面蜘蛛
小三门岛　2013.06.10

猎物落网后，蜘蛛会先给猎物注入一种特殊
的液体消化酶。这种消化酶能使昆虫昏迷、
抽搐，直至死亡，并使肌体发生液化，随后
蜘蛛以吮吸的方式进食。

发　现　笔　记

挽救一个蜘蛛

蜘蛛是最被人妖魔化的动物之一，在科幻电影里，蜘
蛛和蜥蜴是最常见的魔怪形象。

有几个关于蜘蛛的事实要澄清：并不是所有的蜘蛛都
有毒，即使有毒也只是针对它的猎物，对人并没有危害，
深圳更是没有剧毒的蜘蛛。蜘蛛捕食采取的是"守株待兔"
法，进攻性并不强，更不会主动攻击人。蜘蛛的繁殖速度
也不像一些昆虫那么疯狂。

大部分人可能不知道：每年的 3 月 14 日是全球的"挽
救一个蜘蛛日"，就是为了消除对蜘蛛的误解。

玉翠蛛　东冲海滩 2013.05.30

蜘蛛的骨骼长在体外，随着年龄和身体的成长，要常常更换皮肤，这就是真正的"蜕化"。在成年之前，一个蜘蛛要经过4—12次的蜕化。无论怎样蜕变，蜘蛛的面容、模样永远不会变，变化的只是它们的尺寸。

蟹蛛　凤凰山 2008.12.06

蟹蛛，蜘蛛里不结网的异类。它们不仅外形长得像螃蟹，也能像蟹那样横行或倒退。

园蛛　梅林水库 2012.06.24

猎食的园蛛并不依靠视力，而是依靠丝网的震动和张力确定猎物在网上的位置。它能在猎物上咬孔和注入毒液，拉丝将其缠绕，在猎物完全失去反抗能力后再慢慢取食。

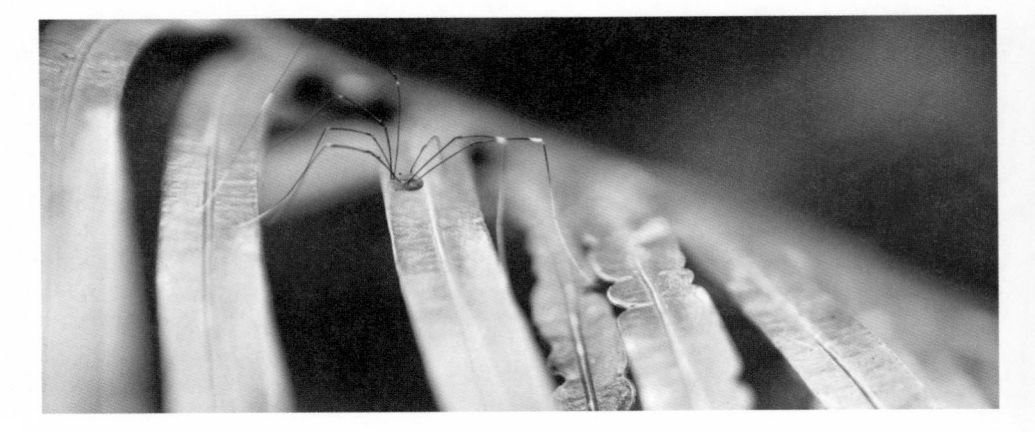

盲蛛　望天螺 2011.06.06

这种又被称为"长脚爸叔"的小动物，身体和小米粒一般大，腿却是身体的数十倍长。盲蛛并不是蜘蛛，它们和蜘蛛最大的不同就是它们那又长又细的腿。有时为了御敌，它们会主动折断自己的长腿。

跳蛛　凤凰岭　2012.08.08

这只像黄豆大小的蜘蛛，在深圳叫"跳蛛"，在台湾叫"蝇虎"，在香港叫"金丝猫"。给一种昆虫起不同的名形象地显现了三个地方对待中国文字与文化的方式。中文学名的取名遵循英文（jumping spider）翻译。台湾的起名尊重传统文化——源于1700年前晋朝崔豹撰写的《古今注·鱼虫篇》："蝇虎，蝇狐也。形似蜘蛛，而色灰白。善捕蝇……"香港取名"金丝猫"，形象地描述了小动物亮晶晶的圆眼睛和捕食时的灵动，受西方文化的影响也显而易见。

小小的跳蛛有8只眼睛，是唯一一种视力能与人类相匹敌的蜘蛛。你要是面对面看一只跳蛛，它脑袋中间的一双主眼也会瞪着你看，主眼用来感知大小、颜色和形状。6只副眼位于侧面，用来监测物体的移动。

跳蛛用跳跃方式捕捉昆虫，它们会吐丝，但从不结网，它们吐的丝能起到悬空时"保险绳"的作用。敏锐的视力、矫健的跳跃能力，加上收放自如的"保险绳"，可以让它捕到比自己身体大十几倍的猎物。

发现笔记

蜘蛛的网络世界

马峦山　2013.03.23

这只小米粒大的蜘蛛可以织出庞大的网，肉眼几乎看不见的脚掌上居然带着一滴露珠。

在电影《蜘蛛侠》中，主角从手掌吐出蛛丝，纵横天下，那只是导演的想象。现实中，蜘蛛的造丝功能全在后腿和丝囊中，靠着这个随身携带的纺织厂，它们可以搓绳，纺线，织布，搭建房屋，制造陷阱，编出绞索……

已经把飞船送向太空的人类，至今都没有研究出来：为什么蜘蛛编织又细又密又粘的网，自己却不会被网黏住？

蜘蛛织的网是如此强悍，如果把钢丝拉到同样细，蜘蛛丝的强度是钢丝的6到8倍。设计师们正在从蜘蛛丝的结构中汲取灵感，希望应用于新的建筑技术和工业技术中。

与哺乳动物和鸟类不同，绝大多数年幼的蜘蛛在破壳之后不大与它们的双亲接触，几乎都不认得自己的父母。有些蜘蛛还会尽量回避父母，以免成为其腹中之物。它们孤独地成长，没有任何老师教它们如何织网，可到了一定年龄，它们照样懂得织出一张自古以来就相同的网——它们对网的整体构思、织网的步骤、网的形态和不同工作阶段的施工方案，不会有一点点差错。

其实，生命的奇妙不一定非在亚马逊原始森林和南北极的冰川才能得到展示，关注你身边的一切生灵，有数不清的奇妙等着你去探究。

你看你看它们的脸

螳螂 溪涌 2012.09.22

溪涌海边这只螳螂用有点忧伤的眼神注视着镜头，三角形的脸上，眼睛占了一小半的面积。

螳螂常常静立不动，头上举，两前足外伸，好像是一位虔诚的向天祈求者。这只是表象，其实它是一个强悍的猎食者。

为什么人类会不约而同地在快乐时眉开眼笑，愤怒时咬牙切齿，恐惧时张嘴瞪目，悲伤时泪流满面，厌恶时撇嘴皱眉，惊讶时目瞪口呆？

150年前，生物学家、进化论的奠基人达尔文就在《人类和动物的表情》一书中做出了解答：动物和人类各种不同情绪所呈现出来的表情有着共同的根源。在漫长的进化中，动物产生了表情，但它们产生表情不是为了好玩，而是为了适应环境。比如，当动物遇到敌人时，就会露出尖牙，显得威风凛凛，让敌人望而生畏。

达尔文认为：人类表情正是由动物表情进化而来的，这就是为什么人类肤色、语言甚至手势都可能不同，但表达喜怒哀乐这些基本的情绪时，全人类所呈现的原始表情却惊人地一致。

动物有没有表情？它们的喜怒哀乐是不是表露在面容上？在深圳山野里行走这么些年，观察到的野生动物——当然，不包括人工饲养的猫狗和圈养在动物园里的动物——那些自由的野生生命面对着我和镜头时，并没有什么明显的表情，它们大都面容古板，肌肉僵硬，目光冷峻，没有表情变化的面孔有点拽拽的酷。

在深圳遇到的唯一表情明显的野生动物，是内伶仃岛上的猕猴，它们是深圳除人之外唯一的灵长类动物，也是少有的长有表情肌的动物。它们七情上面，喜怒哀乐一眼就能看出来。只是，当一只雌性猕猴和雄性猕猴交配时，龇牙咧嘴，面目狰狞，还会发出尖利短促的叫声，从表情上看，似乎不是在享受，而是在受刑。其实，那恰恰可能就是猕猴欢乐陶醉的表情。

子非鱼，焉知鱼之乐？不管生物学家如何用科学的方法来解释，我仍然相信大部分动物的喜怒和恐惧能从眼神里看出来。我曾经在马峦山发现一只被捕鸟网网住的雀鹰，它的眼神是仇恨毒辣的，当被解救下来后，它的眼神是柔和安静的，好像还有点感激。那眼神历历在目，令我终生难忘。

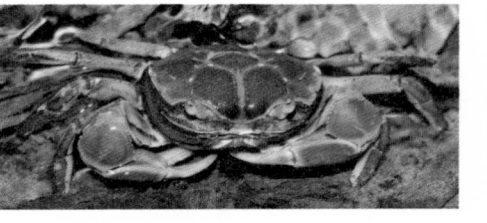

隆背张口蟹

西冲 2013.01.12

隆背张口蟹的表情像双目圆睁的张飞，又像动漫里的圣斗士。它紫色的背甲镶着橙红色的边，前侧有三个齿，背甲上的图案有点像酒精灯，大螯白里透紫，配上橘红色的腿，全身光鲜艳丽。

给孩子喂食的红耳鹎

福田公园 2012.04.15

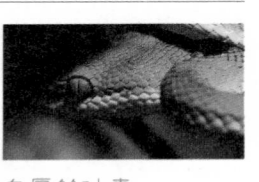

猎食的红耳鹎

洪湖公园 2011.05.25

细细观察，猎食时的红耳鹎和给孩子喂食时的红耳鹎有一样的表情吗？

褐鲳鲉（chāng yóu）

大鹏湾 2012.11.05

正在大鹏湾海底打斗的褐鲳鲉。

褐鲳鲉俗称"虎头鱼""假石斑""石狗公"。看到它，就想起梁朝伟和周星驰电影里的香肠嘴。

白唇竹叶青

盐田 2012.03.18

白唇竹叶青，是深圳最常见的毒蛇。它整个脸没有可活动的眼睑，没有耳朵，加上红色瞳孔呈现一条垂直的线，面目格外狰狞。其实它毒性很弱，胆怯怕人，一有动静就飞逃而去。

草鸮（xiāo） 梧桐山 2012.03.06

梧桐山里的草鸮，长着一张心形的脸盘，眼珠深黑，目光敏锐，脸部柔软蓬松的羽毛可以让它在俯冲捕猎时无声无息。

棉蝗 梧桐山 2012.10.06

一个弹跳就可以跳出身体十几倍高度的棉蝗，长着一张驴子似的长脸，长触须，亮眼睛，大板牙。

马蜂 新大村 2013.08.03

这张脸，在好莱坞的科幻片、惊悚片里已经出现过好多次。

也许真的是相由心生，在现实里，马蜂也是一个凶狠的家伙。在山野里行走，有时经过它们的巢穴，不小心惊动了它们，它们就会群起攻击。有时人们被它们蛰得要去住院治疗。

雀鹰 马峦古道 2013.03.03

鸟有表情吗？许多专业人士都很确信地答复：没有。但这只落在捕鸟网中的雀鹰的眼神和被解救下来后的眼神的确不一样。

弹涂鱼　坝光 2006.11.19

长着灯泡眼睛的弹涂鱼是两栖类鱼类，它们通常生活在海岸边的红树林和滨海泥地上。离开海水时，弹涂鱼会在嘴里含上一口水，延长它在陆地上停留的时间。嘴里的这口含着氧气的水可以帮助它呼吸，就像潜水员身上背的氧气罐一样。

弹涂鱼通常会在湿地里给自己挖个洞，一直挖到水线以下，这样即使湿地干涸了，也可以回到洞中补充海水，这个庇护所也是它生儿育女的家。

小蹄蝠　大鹏 2013.07.01

倒挂在高岭村废弃老屋里的小蹄蝠。

小蹄蝠白天把翅膀折叠起来，在黑暗、隐蔽的地方头朝下睡觉。傍晚或夜里飞出来觅食。

在空中飞翔的小蹄蝠并不是鸟，是哺乳动物。雌性小蹄蝠的妊娠期是3—4个月，每窝只产1—4个幼崽。幼崽初生时在一段时间里看不见也听不见，全靠父母照顾，2—3个月后才能独立。

猕猴　内伶仃岛 2009.11.15

内伶仃岛上的一群少年猕猴，表情各异。猕猴无疑是深圳最聪明的野生动物之一，也是少有的长有表情肌的动物。它们喜怒哀乐的表情是最接近人类的。

岩栖壁虎

大鹏 2010.07.02

岩栖壁虎是壁虎家族的"巨人"，身体厚实，鳞片细密有致，头顶的橙斑似一把剑。它虽然相貌凶猛，性格却安静，常常蹲在一处不动，有猎物经过，它才以闪电般的速度伸出长舌将食物卷入口中。

壁虎在古代又被称为"守宫"。据说壁虎伏在皇宫的宫门上，专吃在灯下的昆虫，就好像侍卫一样守卫宫门，故名守宫。

夜色深沉，生命不安

F i e l d

草蛉（líng）　梧桐山　2001.06.05
草蛉正在夜幕掩护下产卵，草蛉卵有丝状的卵柄。

夕阳西下，夜幕降临，我们可以去参加一次酒酣耳热的聚会，可以回家看一个狗血淋头的连续剧，也可以在灯下静静地读书……其实，还有一种独特的方式度过夜晚，就是和同伴一起，在公园、山岭里行走，观察那些在黑沉沉的夜里才会活跃起来的生命。

黑夜里，那些在阳光下飞翔奔走的昼行性动物已经找好隐身的地方，纷纷睡去。而夜行性动物才刚刚苏醒，开始觅食，求偶，游荡。浓重的夜色是它们逃避天敌的屏障，也是它们对平安的寄托。只是，螳螂捕蝉，黄雀在后，每一个求食者的背后都有另一个求食者，大自然中生生不息的食物链不会因为昼夜的变换而断裂，黑暗是躲避掠食者攻击的掩护，却也是掠食者接近猎物的伪装。夜幕下，并不安宁，也不安全。

在深圳的山野里，常见的夜间动物有大声鸣叫的蛙、悄然穿行的蛇、花草间飞行的数百种蛾子——如果黑暗里正好有一盏明亮的灯，就会成为它们的聚集地。

在红树林保护区深处的池塘边，成群结队的米埔屈翅萤点亮身上的灯笼，寻找配偶；在笔架山公园的空旷地上，大蹄蝠无声地滑过，我们的肉眼根本看不到它捕食的对象；在仙湖植物园里，棋盘脚和昙花只有在夜间才绽放花朵，散发出浓烈的气息，吸引无眠的飞蛾、昆虫来帮助授粉……

走累了的时候，找一个没有人工光、没有噪音的地方，在一片黑暗里坐下来，听鸣虫的低吟浅唱，听鸟儿半睡半醒的啼叫，听不知名的小动物穿过草丛时的窸窣声，抬头看看天空，会发现几颗平时根本没有注意到的星星。那一刻，会明白，不管我们觉得自己多么伟大，大自然其实已经给我们安排好了一切——日月交辉，明暗更替，生离死别。

羽化的蝉 莲花山 2007.07.01

黑暗里，莲花山上，一只正在羽化的蝉。

在那些我们已香甜入梦的夜晚，深圳的山野里，有数不清的生命正进行着蜕变。蝉的蛹虫从地下爬到树上羽化，大多选择黑夜，因为羽化正是蝉最没有反抗和逃生能力的时候，黑暗可以掩护它免受天敌的侵犯。

草鸮 梧桐山 2012.04.01

梧桐山里的草鸮，又称猴面鹰，是猫头鹰的一种。白天在林中养精蓄锐，夜间出来捕食。

"黑夜给了我黑色的眼睛，我却用它寻找光明"——草鸮黑眼珠里视锥细胞的密度是人眼的8倍，加上大大的瞳孔，可以在黑暗中看到移动的小动物；细小耳孔周边长着耳羽，可以像雷达一样在黑暗中分辨声响和定位；最牛的是，草鸮有一个可以自由旋转270度的脑袋。另外，脸上柔软蓬松的羽毛，可以使它在飞行时无声无息，还有一双像钩子似的利爪——整个身体结构和功能就好像专门为在夜间捕捉老鼠而生。

翠青蛇
马峦山 2012.04.24

翠青蛇，在民间叫作"青小蛇"，是《白蛇传》中小青的原型，也是在深圳山野里见到的最多的无毒蛇。它内向腼腆，见到人后飞速地逃离。夏日，白天地面高温，翠青蛇爬上灌木，静伏纳凉，夜里才到地面捕食活动。

大蹄蝠 梧桐山 2011.07.01

梧桐山里飞翔的大蹄蝠。

蝙蝠是唯一能振翅飞翔的哺乳动物，它靠声波探路和捕食。它发出人类听不见的声波，声波遇到物体会反射回来，它以此辨别出物体的移动和距离。

豹猫 梧桐山 2012.01.01

因为豹猫皮毛珍贵，加上它的肉又曾是一些人追捧的野味，尽管它昼伏夜行，身手敏捷，但在深圳也成了难觅身影的珍稀动物。

黑暗中动物眼睛水晶体的反光，是追踪和辨识夜行动物的途径之一。猫科动物的瞳孔夜里张得很大，但在光线强烈的白天，它们的瞳孔几乎缩成针尖那么小。

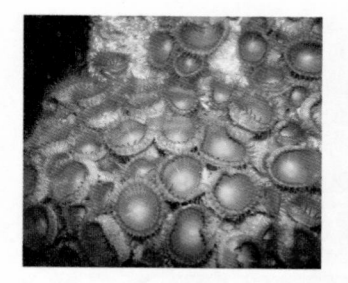

纽扣珊瑚 大亚湾 2012.05.01

在深圳海底的礁石上，常常生长着成片的纽扣珊瑚。纽扣珊瑚不会形成珊瑚礁，也没有坚硬的外壳可以保护它的安全，只有一大片软软的"肉"，被稍微硬一点的东西撞到，立刻就会烂掉一片。纽扣珊瑚大都晚上活动，发着荧荧的绿光，比白天处于休眠状态的时候漂亮许多。

豪猪 七娘山 2012.01.01

七娘山十年封山，给了豪猪一条生路。

因为传统观念里人们认为豪猪肉有润肠通便、养阴除热、健胃益肺的功效，所以这个长着一身利剑、躲在深山老林里的小动物在整个中国一度被捕杀到了濒临灭绝的境地。

黑眶蟾蜍
梅林大脑壳 2012.09.16

黑眶蟾蜍白天躲在石缝和土洞里休息，夜里出来寻食。它疙疙瘩瘩的躯体不仅看上去不可口，实际上还含有毒液。

螽斯
梅沙尖 2009.06.07

梅沙尖，在夜色掩护下羽化的螽斯。

作为渐变态昆虫，螽斯的一生要经历卵、若虫和成虫3个阶段。一只螽斯的若虫要蜕皮5—6次才能变为成虫。所以，选择一个安全的地点与时间羽化特别重要。

没有在床上入睡的夜晚更加难忘

　　在山野行走这么多年，没有遇到哪一个同伴第一次睡帐篷就可以安然入眠。但是，人不能一辈子只住在屋里，睡在床上。在沙滩，在山顶，在废弃老村的屋顶上，在一棵生长了上百年的老树下入睡，带来的体验难以言喻。还有，露营其实可以让你知道一个人对物质的要求可以降到多低。

　　2005 年的一个夏夜，在小三门岛露营，涛声中难以入眠，把头伸出帐篷，看到满天的星星，苍茫的夜空全被清亮的星星填满了，这是在市中心永远见不到的景象。2009 年入秋，在马峦山废弃的老村屋顶上露营，晒了一天的屋顶散发着温热，像北方的土炕，一夜睡得香甜，天蒙蒙亮时在清凉的晨风和鸟鸣声中醒来。2011 年走马料河谷，在 30 度倾斜的石坡上过夜，无法搭帐篷，裹着睡袋躺在岩石缝里，石头硌得全身酸疼，翻身时还要留心不要从石缝里翻出来滚下坡，时睡时醒，每次睁开眼，就看到天空中的一轮圆月，第一次发现月亮是变颜色的——初升起来时微微有点红色，半夜是淡黄色，下半夜呈现出像玉一样的润白色……

　　人生在世，不是所有的夜晚都要用来睡觉，不是所有的夜晚都要在电视机前、在夜店、在床上度过。在安全的前提下，选择各种方式在郊野露营，看看黑夜降临时大自然的模样，是另一种值得回味的体验。

七娘山 2013.07.16

在七娘山脚的碧洲村露营，天气
晴朗时，可以看到满天的星星。

美丽中的凶险

F i e l d

民间称为"断肠草"的钩吻 梧桐山 2011.03

钩吻 梧桐山 2011.10

科属：马钱科钩吻属。

别名：胡蔓藤、断肠草、大炮夜。

钩吻俗称断肠草，全草含生物碱，剧毒，误吃很少也能致命，嫩叶和根最毒。相传神农尝尽百草，最后却死于断肠草。广东不少人曾误把断肠草当成金银花煲凉茶喝而中毒死亡。

如此剧毒的植物，对猪来说却是很好的杀虫剂，农村常用来给猪喂食杀蛔虫。

我们常说"毒如蛇蝎"。事实上，在深圳，每年植物中毒导致死亡的案例，远远多于蛇咬伤致死的案例，前者时常见诸新闻报道，至于后者，深圳市中医院蛇伤治疗中心救治的被蛇咬伤者每年在 1000 人以上，但该院没有死亡记录。

植物为什么有毒？原因很多，最主要是为了保护自己，防御动物伤害。毒素是植物最有效的防御武器。因吃了某种植物而死去，对动物来说是最好的警告。另外，有些植物体内自然产生的新陈代谢物（像植物碱）对一些动物有毒，对另外一些却是安全的。

深圳的有毒植物，一半是野生的，生长在山岭田野里，一半是人工栽培的园林植物，在小区、公园、街道两旁都会遇到。认识这些有毒植物，可以避免不必要的伤害和损失。

植物中毒的途径大致有两个，最常见的是食用，其次是接触到某些植物比如漆树的液汁，引起过敏。植物中毒的程度也不一样，有的植物中毒可以给人带来死亡，有的植物中毒则只会对人的皮肤和器官带来长期或短暂的伤害。

要一遍又一遍提醒的是：无论是在深圳郊野行走，还是在公园、街道游玩，都不要随意采摘、食用任何植物，也不要捕捉、猎食任何动物，不仅仅是尊重爱护其他生命，也是爱护自己的生命。

蓖(bì)麻 南澳 2009.05.01

科属：大戟(jǐ)科蓖麻属。

别名：红麻、金豆、牛蓖、大麻子、洋麻子。

在深圳一些城中村和邻近山野的小区，常常能见到蓖麻。

蓖麻全株有毒，种子毒性最大。蓖麻种仁所含的蓖麻毒素是已知最毒的植物蛋白素，孩子误食蓖麻子3—4粒，成人20粒即可中毒死亡，可见其毒性之强。

山橙 马峦山 2013.01.01

山橙开的花

马峦山 2013.01.01

科属：夹竹桃科山橙属。

别名：马骝藤、马骝橙藤、猴子果。

橙红色的果实在秋冬日的深圳山野里美丽而醒目，也正因长得像橙子而被人采摘，其实山橙剧毒。它皮厚坚硬，割开后有白色液汁流出。

大自然的造化意味深长，对人类剧毒的山橙，却是猕猴和一些鸟类的美食。

马利筋

洪湖公园 2009.02.01

科属：萝藦科马利筋属。

别名：莲生桂子花、水羊角、黄花仔。

马利筋全株有毒，其白色乳汁的毒性更大。

在深圳，马利筋、夹竹桃、黄蝉等大量有毒植物作为园林植物栽种，虽然起到美化环境、净化空气作用，但它们的毒性也令人有点提心吊胆，希望园林管理处能竖立牌子说明植物属性，以防万一。

科属：夹竹桃科海杧果属。

别名：牛心茄子、山杭果、牛心荔、黄金茄。

全株有毒，果实剧毒，少量即可致死。果实成熟时为橙黄色，果皮光滑，外形非常像芒果，故称"山杧果"。

海杧(máng)果 坝光村 2012.07.01

羊角拗

马峦山 2011.09.01

科属：夹竹桃科羊角拗属。

别名：羊角扭、羊角树、菱角扭、沥口花、羊角。

果实左右对称，非常像羊角形状，所以被称为"羊角拗"。羊角拗是华南地区常见的剧毒野生植物之一。全株有毒，果实成熟时颜色由青色慢慢变成黄色，儿童好奇，往往试吃果实后引起中毒。

马钱子 马峦山 2011.11.01

科属：马钱科马钱属。

别名：番木鳖、马钱、大方八、苦实。

全株剧毒，种子极毒，过量服用可致面颈僵硬、全身肌肉痉挛，继而昏迷、呼吸停止而死亡。

相传埃及艳后克丽奥佩特拉想找一种相对不那么痛苦的自杀方法，让她的女仆们试吃的有毒植物中就有马钱子，女仆吃后肌肉痉挛，死状痛苦万分。于是，艳后改用了沙漠蝰蛇结束她短暂而灿烂的人生。

夹竹桃

东湖公园 2011.07.01

科属：夹竹桃科夹竹桃属。

别名：红花夹竹桃、柳叶桃树、叫出冬、柳叶树。

夹竹桃是最常见的剧毒植物之一，折断枝，有乳白色的汁液流出。很多人不懂其毒性，常见小孩们折夹竹桃的花来玩耍，引起误食的可能性非常大。

毒芹

翁源 2011.05.01

科属：伞形科，属未定。

2011 年 5 月 1 日，深圳山地救援队搜救中队队长召集 21 人到英德与翁源交界处的滑水山开展"野外生存训练"，采摘水芹菜、虎杖、野笋，捕捉野青蛙食用，3 人中毒，队长死亡，医院诊断是把"毒芹"当水芹误食。不过，从专业角度分析，此次引发中毒的应该是伞形科具体属种未定的剧毒植物。

人们对野外的植物，总是充满好奇心，往往在没有专业知识的情况下去采摘食用，有很大的风险性。

颠茄 梧桐山 2009.03.01

科属：茄科茄属。

别名：野茄、刺天果、鬼茄、红水茄。

颠茄是外来植物，原产欧洲，后引进中国，最后逸生到山野外面去了。果实成熟时为橙红色，跟我们日常食用的西红柿有几分相似。颠茄未成熟的果实毒性大，人误食后会出现幻觉、肌肉抽搐、焦躁等症状，看似疯癫，所以"颠茄"也是生动的叫法了。

木本曼陀罗

仙湖植物园 2008.01.01

科属：茄科曼陀罗属。

曼陀罗是梵语 mandala 的音译，有聚集、道场等涵义，它的花语是无间的爱和复仇。也叫天使的号角（Angle's trumpet），是指它的花形呈喇叭状。曼陀罗有几种颜色，常见的是白色、紫色、橙黄色等。曼陀罗全株有毒，果实和花剧毒，含有多种生物碱，人误食后会出现幻觉、抽搐、焦躁等症状，最后呼吸麻痹而死亡。

发现笔记

植物中毒的应急处理

1. 第一时间赶到医院治疗，不要贸然自行处理。

2. 阻止、减慢毒物的吸收。

3. 如已食用，尽可能用各种方式催吐。

4. 如身体表面接触，用清水清洗身体的接触面。

5. 保留好毒物特别重要，以便医生确定毒源，对症治疗。

冬日里的"深圳红"

Field

枫香之红

枫香是深圳山野里最美的红叶，与加拿大国旗上枫叶的图案特别相像。"停车坐爱枫林晚，霜叶红于二月花"，中国古诗词里提到的枫是指现代植物学里的各种槭（qì）树，它们大都生长在北方，与生长在南方的枫香完全是两个科的植物。一叶而知秋，在深圳，当枫香的树叶开始变红的时候，就知道，这个平地从不结冰的城市的最冷时刻就要来了。

12月的北方，寒风凛冽，万木凋零，深圳山野却草木茂盛，姹紫嫣红，红叶植物的叶子红了，凹叶红豆树、九香的果实也红了，粉红、紫红、淡红色的野花在山间恣意开放。

12月，深圳漫山遍野的红叶传递着温暖的色彩，枫香、岭南槭、野漆树、山乌桕（jiù）的叶片陆陆续续地开始变黄、变红，在碧绿的山岭里格外醒目。走近细细观察，红色的叶片在灿烂阳光下晶莹剔透，血管似的脉络纤毫毕现，挣扎着绽放出生命结束前最后的色彩。

深圳山野里的树木用生命的轮回为我们提供了浪漫的景色。树叶青翠的色泽来源于叶绿素，它是树木光合作用最重要的色素。冬天来临，低温使整个树木的机能减弱，树木也开始削减给树叶的给养和水分，叶绿素开始崩溃，取而代之的是叶黄素和花青素，为树叶带来黄色和红色。

每年12月后，深圳的红叶鲜艳到了极点，马峦山和笔架山层林尽染。沿着当年的二线巡逻道从大梅沙走到溪涌，那里有深圳最多野漆树的山坡。日落前赶到溪涌后山的最高处，看到夕阳将温柔的光泽洒在一簇一簇的红叶上，山风吹来，树叶微微摆动，像无影的天使在上面跳舞。与此同时，殷红的晚霞满天，海面上拉出一道红光闪闪的水路，与山谷里的红叶交相映衬，让人不知今夕是何年。

春花木　七娘山　2008.01.20

深圳冬日的山野，有一种奇妙的景象：即使全年气温最低的时候，也有植物落叶，有植物开花，有植物结果，甚至有植物发新芽。

新芽为什么也是红色？是因为新芽新鲜细嫩，是许多昆虫和鸟雀的美食，植物为了保护自己就在新生的嫩叶中生出毒素，毒素呈现出红色，让鸟儿虫儿退避三舍。等到叶子生长到足够强壮时，就会变为绿色。

冬日阳光下的野漆树
马峦山　2006.12.26

野漆树林　小梅沙后山　2007.12.15

"几行红叶树，无数夕阳山"，野漆树还有一个美丽的名字——"染山红"。

野漆树的红叶只可眼观，不可采摘把玩。在中国植物图谱中，野漆树被定性为有毒植物，生漆过敏者的皮肤接触到漆树的汁液后，会红肿瘁痛，误食后更会严重中毒。

马尾松

马峦山　2012.10.23

暗红色的马尾松，是生命消亡的景象。

1988年，第一批松材线虫侵入深圳。随后，这种肉眼看不见，要在显微镜下才能辨认出来的小虫席卷整个深圳山岭，害死数十万株松树。

所以，在深圳山岭里行走，很少见到松树，当年漫山遍野的松林已被这种虫子祸害得基本消失。

岭南槭　七娘山　2010.01.09

岭南槭是深圳少见的红叶植物，其树叶也是深圳最艳红的树叶，殷红如血，可以和日本的枫叶、香山的红叶媲美。每年11月底12月初，岭南槭叶子开始变色，1周左右就已落叶满地。岭南槭是1904年香港林务部监督Tutcher在大屿山第一次发现的，因此国际上通用Tutcher为它命名。

为你祝福的新年花

Field

车轮梅 梧桐山 2008.12.03

其实我更喜欢车轮梅的另外一个名字——"春花"。深圳的春天来得早，在1月底的深圳山岭里，已经能看到零星开放的车轮梅了，有点迫不及待的样子，2月底就已经漫山遍野，花朵一丛一丛地开在枝的顶端。每到开花时，枝干的顶端也开始发出新芽，红色嫩叶与白花相映相衬，十分动人。

"春江水暖鸭先知。"不过，每年春节，在深圳，最先感知到春天到来的，不是江水中的鸭子，而是花。

春节前的迎春花市在爱国路已经延续了40年，加上城中大大小小的数十个花市，来自全国的各种鲜花盛放在人们的怀抱里、家里的阳台上、小区的大门口，让这个平日车水马龙、急躁生硬的城市变得温情、浪漫和舒缓起来。

与此同时，在北方寒风凛冽、万木萧条的时候，地处亚热带的深圳，山岭田野里依然开放着各种野花。

只有在田野、山岭里行走、观察，才能真正感受到在大自然中自由生长的野花和人工养殖的园林花的不同。野花率真的色彩、天然的结构，甚至经历风吹雨打虫咬之后的残缺，都透着一种自然美，而它们在荒野中生存的智慧，与动物相依相存的关系，充满了趣味的故事。

深山含笑　梧桐山　2005.02.20

深山含笑是深圳山野里最有格调的野花，大都生长在梧桐山海拔600米以上的山谷里。它平日沉稳平实，灰褐色的树干、深绿色的叶子和山岭里的其他树木没有太大区别，但一到花期，蓦然变身，碗大的花朵开满一树，花瓣洁白如玉，花香悠长浓郁。100多年前，当时担任港英政府植物和林务官的邓恩第一次发现了深山含笑，就用自己妻子的姓（Maud）命名，所以，深山含笑又称"莫夫人含笑"。

大头茶有着像绒布一样的花瓣和模样像精子一样的雄蕊

五色梅　水头湾　2012.04.14

民国碉楼枪眼里开放的五色梅

西丽湖　2009.08.02

五色梅是深圳山野里最常见、适应力最强的野花。一年四季都能在山岭、礁石甚至墙壁的缝隙里看到它的身影。尽管五色梅的味道难闻，但对蝴蝶却非常有吸引力，花开时，会有许多蝴蝶翩翩而至。

仔细观察，你会发现五色梅的奇妙之处，即使同一株五色梅上，也很难发现花色完全一样的花朵。由于形态和颜色千变万化，人们又叫它"七变花"。

洞背　2012.11.11

大头茶　七娘山　2004.11.20

大头茶是出身贫贱、生命强大、结局美丽的经典案例。因为能在最恶劣的土质上健壮生长，大头茶成为深圳和香港山野里最常见的乔木。每年10月至来年2月间，北方万木萧条的时候，却是大头茶花开得最旺盛的时候。白色的花冠、鲜黄色的花蕊大簇大簇地挂在枝条末端，华丽清雅，没有一丝贫贱之气。

鬼针草　小脑壳　2012.12.23

从海拔不到10米的岸边峭壁到海拔3000米以上的荒山，从四季分明的故乡到从不结冰的深圳，都能看到鬼针草小白花的身影。

红杜鹃

马峦山 2011.03.27

细细打量马峦山上的杜鹃花瓣，你会明白，为什么古代诗人会写下"泪血染成红杜鹃"的诗句。事实上，斑斑泪痕只是杜鹃花为吸引昆虫生长出来的"蜜源标志"，用来指示昆虫如何找到花蕊和蜜腺。

千里光

坝光村 2012.01.21

千里光是一种一年四季都能在深圳的山岭、田野、路旁、海岸甚至污水沟沿上盛开的小花。"千里光"这个名字可能意指不管走多远，人们都可以见到它单薄却明媚光鲜的模样吧？

毛稔（rěn）　马峦山 2009.10.25

2月里，马峦山上的毛稔，枝头一边开着鲜艳的花，一边结着毛茸茸的果，两不耽误。

在深圳山野里，如果说五色梅是最顽强的花，大头茶是适应性最强的花，那么毛稔就算得上是最勤劳的花了。一年四季，忙忙碌碌，不是开花就是结果，或者就是一边开花一边结果，始终不会闲着。无休无息的繁殖让它成为深圳山岭里最常见的灌木。

毛稔是一个难记的名字，它归野牡丹科野牡丹属，还有一个浪漫一点的名字——甜娘。

五爪金龙　洞背村 2009.10.25

因为叶子长得像一个个巴掌，有5—7个裂痕，又有非常强的攀附能力，人们就给这种开着喇叭花的植物起了一个动物似的名字——五爪金龙。不过这个名字名副其实，五爪金龙十分强悍，大片覆盖在灌木和乔木上，遮蔽阳光，抢夺生存空间和养分，导致被攀附的植物难以进行光合作用而死亡。它对植物的绞杀方式特别像深圳山野里的另外一种植物杀手"薇甘菊"。

在深圳这个移民城市里，许多人把它错认为北方常见的牵牛花，其实它们是同科不同属的两种植物，只是都开着像喇叭一样的花。

山苍树 梅沙尖 2012.01.29

山苍树结出的果实有浓烈的花椒味，人们又称它"山香椒"。每年初春，它开始专心致志地开出一簇一簇的白花，像一团团棉絮似的直接挂在树上，枝条上有时连一片叶子都不长。

发现笔记

从吊钟花的命运看人类的自私和粗野

吊钟花
七娘山 2012.02.02

20 世纪 60—70 年代的深圳，缺吃少穿的原住民曾冒着危险越境向香港走私野生吊钟花。吊钟花在香港是受法律保护的植物，当年在香港卖掉一株茂盛的吊钟花的钱，可以在深圳买到够一个人吃一个月的白米。

外形犹如一串串铃铛的吊钟花通常在农历新年前后开放，英文又叫 Chinese New Year Flower，意思为中国新年花。在清代，广东就已有把吊钟花作为年花的习俗，"金钟一响，黄金万两"，象征着财运滚滚来；同时，吊钟花的花朵都是生长在枝头顶上的，有高中科举的含义，人们希望孩子们金榜题名时，也把吊钟花带回家作为年花。

早年，深圳的野生吊钟花常被采伐，近乎绝迹。近年来，人们忽然认为吊钟花与"吊终"同音，大不吉利，新年花市里已难以见到它的踪影。没有利益驱使，盗采也相应减少，吊钟花生机再现，每年春天，在深圳山岭的僻静处，常常见到它们的身影。相反，一些广东人认为"家有罗汉松，一世唔会穷"，这句"咒语"让深圳山野里的罗汉松被盗伐得片甲不留。

一种美丽的野花，一株自由生长的树，因一句好意头的谐音而遭受灭顶之灾，又因一句不吉祥的谐音而逃过劫难，人类对其他生命的粗野和自私可见一斑。

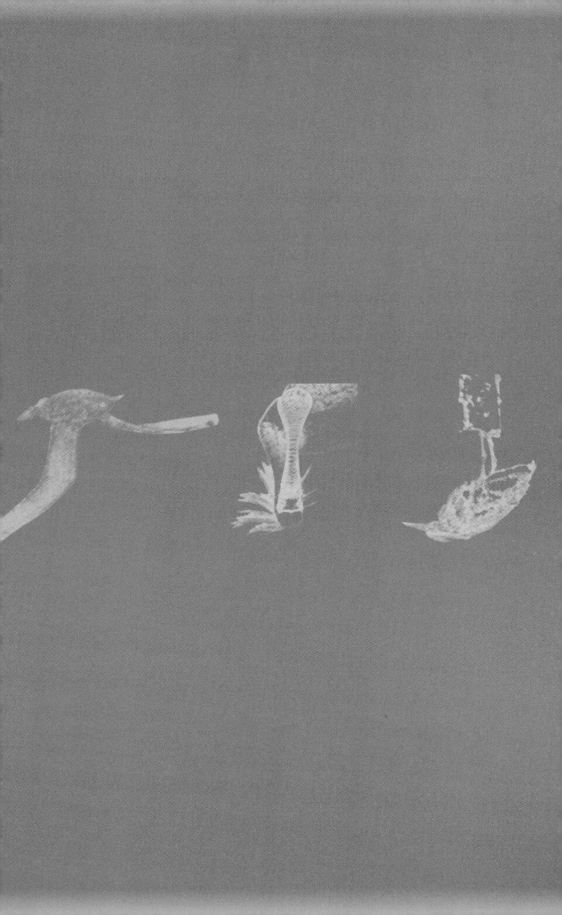

深圳自然笔记

海洋

Ocean

蔚蓝海面下的另一个深圳

Ocean

深圳，大亚湾，宁静的海面下有另外一个世界　2012.09.01

居住在滨海城市的深圳人，对海洋生命的认识不应该仅仅从酒楼的海鲜池而来。

一直以为，40 年里人们对深圳近海的填埋、污染和滥捕早已使深圳的海底变得荒芜。跟随王炳老师在大鹏湾、大亚湾潜水后，为深圳海底生命难以言喻的绚丽震撼，为大自然顽强的生命力感动，也为我们深圳人不珍惜造物主赐予的美丽而痛心。

7000 年前，最早有人类迁徙到深圳生活，他们选择落脚的地点是大小梅沙一带的海岸，而不是内陆，因为海洋可以为他们提供最便捷的食物和营养。

深圳东部，有南海向陆地延伸的海湾，海底深处布满珊瑚礁。珊瑚是海底生物培育下一代、找寻食物、逃避敌人最理想的地方，东星斑、石斑、石头鱼、鱿鱼、八爪鱼、石蟹、虾、海星、海胆、海参都在这里拥有自己的家园。

西部的水域水质较淡，这里生长着流连在海水上层的鱼类；其中深受香港人喜爱的国宝级保护动物中华白海豚就曾在这一带出现。

在中国内地，再没有一个城市像深圳这样，经济飞速发展，充满创富机遇，又同时濒临风景秀美、生命缤纷多样的大海，这是上苍赐给深圳人的美丽而脆弱的礼物，我们应该好好珍惜。

斑马蝶　大亚湾 2012.05.01

每年春天，深圳近海会生出许多水母，半大不小的斑马蝶很喜欢在水母身上啄来啄去，远远看上去就像是一群少年在玩一个大气球。这不完全是游戏，其中的奥秘在于：水母身上有一些共生的生物是斑马蝶的小吃。

短须副绯鲤

小辣甲岛　2011.04.16

大亚湾的深海处，成群结队的短须副绯鲤在翠绿的浒苔间穿行，尽情地享用一个没有渔网鱼炮的安宁日子。

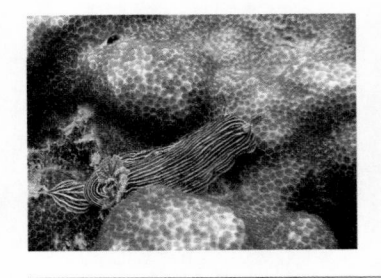

海兔　大鹏湾 2012.07.20

深圳海域生长着近 10 种五颜六色的海兔，它们是蜗牛的近亲，只是外壳已经退化成了薄薄的一小片，缩到了体内。

海兔胖胖的身体、艳丽的颜色，还有那两只可爱的兔耳朵都十分招人喜爱。每年 5 月份前后，水下的礁石上常常可以看到它们的身影。

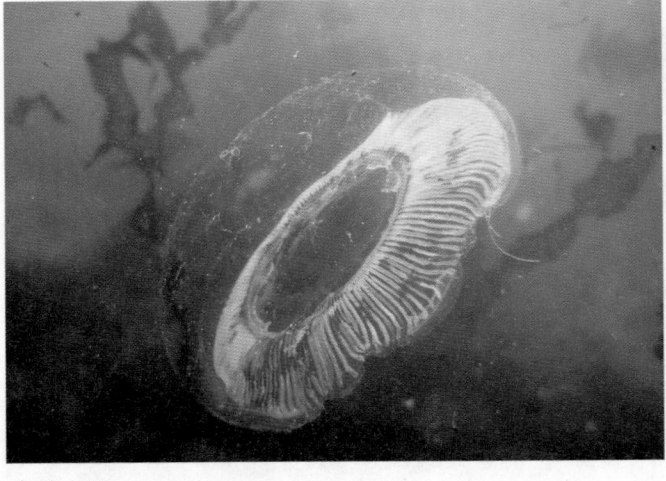

多管水母　大亚湾 2012.02.12

污染严重的海水浑浊脏脏，并没能阻挡一些顽强的生命以非常美丽的形态继续生长。注意哦，水母身上通常都带有毒刺，不小心碰触后会有火辣辣的疼痛感。

水螅　大鹏湾 2013.08.06

水螅看起来像是小树枝上开满白色的小花。水螅和海葵、珊瑚等同属于刺胞动物门，是一种很古老也很原始的带有毒刺细胞的小型动物。

烟管鱼　大鹏湾 2012.06.08

午后阳光折射进大鹏湾的海底，一条烟管鱼像幽灵一样慢慢漂来，神情淡定，姿态优雅，通体透明，犹如神物。

海绵　大鹏湾 2013.05.23

海绵只是一种简单原始的多细胞生物，它还没有进化出组织，更没有进化出器官。它所有的生理活动都还只在细胞代谢的层面上进行。海绵虽说是动物，可是不会动，很多人都以为海绵是植物。

海葵　大亚湾 2013.05.09

海葵虽然看上去很像花朵，但其实是捕食性动物，是深圳近海最常见的无脊椎动物。它们没有骨骼，主要依附在海底的岩石和珊瑚上，也可以很缓慢地移动。

龙介虫　大鹏湾 2013.07.23

多数龙介虫的盖子上都长满了海藻，就像那只触手冠尚未打开的蓝色龙介虫。而这只红色龙介虫不但漂亮的触手冠精美绝伦，就连盖子上也是干干净净。

鳚（wèi）鱼

赤洲岛 2011.05.01

躲在礁石缝里的鳚鱼注视着眼前的不速之客。这位谦谦君子不管心里有多么忐忑不安，却始终用一张大嘴笑脸面对着你。

毛掸（dǎn）虫 大亚湾 2012.06.16

基本上，无论陆地上有怎样惊艳的生物，海底都一定有与之媲美的生物相对应。随着海水漂荡的毛掸虫，多么像蕨的叶片随风摇摆，也会让人想到夜空里绽放的烟花。

毛掸虫平常生活在自己营造的管子里，只把触手伸在外面。五彩缤纷的触手同时也是它们的嘴和鳃，既用来捕捉食物，也用来呼吸。柔弱的触手十分敏感，稍有危险，就会迅速缩回。

发 现 笔 记

"海上皇宫"不是拯救我们的方舟

深圳海域面积1145平方千米，是陆地面积的二分之一。

从建市那一刻起，深圳的海洋就开始后退，当年人们在其中游泳嬉戏的月亮湾沙滩、"明华轮"旁的蛇口沙滩、深圳大学西门外的沙滩，已完全消失。40年里，深圳填海得来的陆地面积，相当于再造了11个蛇口半岛。学者预测，按照目前填海和开发的速度，50年后的深圳人将有可能再也看不到深圳的海滩。

《2018年中国海洋生态环境状况公报》列明，深圳近岸海域水质较差。污染最严重的是深圳湾和珠江口附近海域，海水水质劣于第四类标准。仅大梅沙以东的东部海域水质为优。每逢节假日，涌向东部海滩想与大海亲近的人与车总是拥堵成灾。

水质相对较好的大鹏半岛沿岸，豪宅、酒店、宾馆会将这个深圳东部"中国最美海岸线"一段又一段隔开，划为私家禁地，留给全民共享的海岸寥寥无几。

从理论上讲，海洋中的动植物数量远远超过陆地；保护完好的热带珊瑚礁应该是地球上物种最丰富的生态系统，超过亚马逊的热带雨林。只是，没有节制的填海、垃圾废水的毒害、赶尽杀绝的捕捞，毁坏了深圳近海的原生态系统，导致生物种群衰竭，许多生物基本绝迹。

学者狄特富尔特在《人与自然》一书中说："人类对大自然一直存在着一种最为放肆的以人类为中心的傲慢态度，如果我们不立即停止人类随意判断而进行的任性改造地球的活动，在即将到来的灾难中，人类将首当其冲。"

如果这个城市里人人都燃烧着修建"海上皇宫"的欲望，人人都把吃到美丽的野生海鲜当作身份与成功的象征，什么样的神灵都不会伸手拯救我们——尽管深圳的海岸边已修建了各种各样的神庙。

海底生物的3种伙伴关系

在弱肉强食的海底世界，每个生命成长的过程都充满凶险。大部分生物为了得到食物、庇护和栖身之处，在生长的某个阶段，相互之间会建立起伙伴关系。按照各自得到的利益，这种伙伴关系为共生关系。1.互利共生。两种生物在一起互惠互利，分开时可以独立生存，像鮣（yìn）鱼利用强有力的吸盘吸附在鲨鱼的身上，承担"清洁工作"，同时获得食物。2.偏利共生。有一方获得的好处多一点，但也没有给另一方带来坏处，利己不损人。3.寄生。一方获得利益而另一方受到损害。像有些寄居蟹不光是寻找螺死后留下的空壳居住，有时还要吃掉软体动物后把壳占为己有。

奶嘴葵和小丑鱼

大亚湾 2012.09.11

一只小丑鱼龇牙咧嘴地呵护着奶嘴葵为自己提供的家园。它们之间，真正是"美丽的友谊"。

一只小丑鱼一出生，就要设法尽快找到海葵，否则，很快就会被捕食者吃掉。看上去那样诱人的奶嘴葵并没有乳汁，却有致命的毒素，小丑鱼的天敌都敬而远之，只有小丑鱼可以悠游其间，丝毫不会受到伤害。

奶嘴葵是个好"房东"，不仅给小丑鱼提供庇护所，还提供食物，小丑鱼捡食海葵吃剩的食物、身上脱落的皮屑甚至排泄物。小丑鱼也知恩图报，捕食海葵身上的寄生虫，替奶嘴葵清除身上的淤泥和黏液。

虾虎鱼和鼓虾

大鹏湾 2012.07.31

相依为命同居在一起的虾虎鱼和鼓虾。

虾虎鱼负责寻找食物，鼓虾负责清理修缮洞穴。由于鼓虾的视力很差，虾虎鱼就时常在它们居住的洞穴口看守，每当察觉到危险，虾虎鱼便会摆动尾巴来通知伙伴逃避。

小星珊瑚和龙介虫

大鹏湾 2012.07.31

小星珊瑚和龙介虫相依相存，相互映衬，搭配得漂漂亮亮。

红树林保护区里的秘密

Ocean

夜幕降临前的红树林滩涂　2012.04.12

夕阳西下，大海退潮，倦鸟归巢，成千上万只鸟在叽叽喳喳的鸣叫中开始歇息。它们大部分会在红树的枝头过夜，也有相当一部分会在滩涂泥潭里立着度过整个夜晚。

南面是香港新界天水围的万家灯火，北面是深圳滨海大道的车水马龙，不知纷杂的市嚣中，它们可睡得安稳？

　　如今的中国，几乎每一个城市都有麦当劳，都有 CBD，都有档次不同的娱乐场所，但只有深圳，有全世界唯一一个位于市中心的国家级自然保护区。

　　由武警严守，用双层铁丝网封闭的红树林自然保护区对公众预约开放，它是这个城市里人迹罕至的生态秘境。在这片差不多和华强北一样大小的土地上，没有一个居民，却飞翔着 79 种以上的水禽，55 种以上的陆鸟，整个中国有白鹭科 20 种，这里就有 15 种；这里还栖息着 66 种以上的甲壳与软体动物，游弋着 11 种以上的海鱼，有近百种小昆虫在各个角落里忙忙碌碌；整个中国 30 多种红树，大部分种类在这里都有生长……

　　1984 年，深圳建市没几年，就将深圳湾畔的 415.48 公顷土地确定为自然保护区，1988 年升级为国家级自然保护区。这里最多时有超过 180 种鸟类，其中 20 多种属于国际珍稀品种。1986 年，世界野生生物（国际）基金会主席、英女王的丈夫菲利普亲王专程来深圳，到保护区观鸟。1989 年，丹麦野生生物基金会主席、丹麦女王的丈夫亨里克亲王也来到红树林观鸟。

　　每天，日出日落间，1700 多万深圳人在 2000 平方千米的土地上演绎着没有终场的悲喜剧。与此同时，成千上万种生物也在红树林保护区里演绎着延绵不断的生命故事。草木、飞鸟、鱼儿、昆虫乃至我们肉眼看不到的浮游生物，在这里都能找到自己的栖息地，生生不息。

弹涂鱼 2012.05.27

有机会去保护区的话，记得带一副望远镜观察弹涂鱼。

在潮水退去的滩涂上，弹涂鱼像体操运动员一样腾空而起，蜷缩、舒展、翻滚，动作一气呵成。即使水中有足够的空气，弹涂鱼也喜欢跳跃起来呼吸氧气，同时向四周显示自己在觅食领地的主权。

从空中俯瞰红树林自然保护区 2012.04.12

1979年前的深圳，从珠江入海口到深圳湾，从沙头角中英街到坝光老村，有延绵百里的红树林。如今留下来的原生态红树林已不到20%。

1984年保护区创建时的面积是304公顷，那时深圳的建设重点在罗湖，红树林保护区一带是偏远的边防禁区，生态维持良好。1990年以后，深圳发展的重心转移到福田，保护区原有面积的52%被保税区、电视台、高速公路占用，它现在成了中国面积最小的国家级自然保护区。

在一个1700多万人口的城市中心，留住并呵护好一个国家级的自然保护区，需要相当的远见、智慧和担当。

夜鹭

2007.12.09

每次在保护区看到国家二级保护动物夜鹭，都觉得它像鸟中的修行者。

在一大群忙忙碌碌寻食的鸟儿中，它总是安安静静地立在海滩边、树枝上，缩着脖颈，驼背弯身，双目半闭，仿佛在打坐冥想。

事实上，遇到夜鹭的时间都是白天，它们的生物钟正处在休眠状态，这种表面上淡定的鸟夜间会变得非常生猛。

招潮蟹

2012.07.14

招潮蟹真的能招来潮水吗？其实，海潮的起落是月亮和太阳引力的结果，不是招潮蟹召之即来，挥之即去的。

招潮蟹是红树林保护区里最常见的螃蟹。它最大的特征就是前胸大小悬殊的一对螯和头顶一对火柴棒般突出的眼睛。招潮蟹那只巨大的手臂有两个基本作用：击退闯进自己领地的对手，来回舞动向异性炫耀求爱。

红颊獴 2011.11.20

在深圳极为少见的红颊獴。

不足华强北面积大的红树林保护区为动物提供了4种栖息地：海洋和陆地间延绵的红树林；生长着丰富鱼虾和浮游生物的基围鱼塘；开满鲜花、结满果实的陆地灌木丛和树木；潮起潮落的海边滩涂湿地。保护区的食物环境丰富而宽广，组成了一环扣一环的食物链，本土生长和来自天南海北的动物都能在这落脚、繁衍、生长。

豹猫在湿地上捕食鹭鸟

2010.10.04

这是自然生态摄影师吴健晖在红树林保护区里捕捉到的珍贵镜头：已在深圳绝迹多年的豹猫在湿地上捕食鹭鸟。

黑脸琵鹭

2012.05.16

深圳红树林自然保护区和相连的香港米埔自然保护区是黑脸琵鹭全球第二大越冬地。黑脸琵鹭是全球濒危珍稀鸟类，是仅次于朱鹮的第二种最濒危的水禽，国际自然资源物种保护联盟和国际鸟类保护委员会都将其列入濒危物种红皮书中。

点点萤火的浪漫

萤火虫
2012.05.27

人类对萤火虫的喜爱和浪漫的想象都建立在黑暗中的荧光上，事实上，萤火虫的形象并不浪漫，它胸背平坦，长着两个长须，从外表上看，特别像蟑螂。

曾经有个小伙子悄悄问我，在深圳，哪里能看到萤火虫，女朋友生日快要到了，想带她去看看，给她一个惊喜。

我说，在深圳，这样的浪漫只能在红树林保护区的核心地带实现了。在深圳山野行走这么多年，只在保护区内看到过成群结队的萤火虫。

萤火虫是对环境特别敏感的昆虫，要在夜晚看到它们，必须要有以下的条件：洁净的水源、茂密的草丛灌木和安静黑暗的环境。近年来因为水源污染、光污染、天然植被减少和灭虫剂的大量使用，深圳已难觅它的踪迹。

动物异性间的吸引通常依靠气味、色彩和声音，萤火虫用光来作为沟通媒介是罕见的创举。在黑漆漆的夜里，雄虫打着灯笼四处徘徊，发光的频率和闪光的模式是只有雌虫才能看懂的密码，它们相互发现、判断，寻找心仪的目标。

雌光萤 2012.05.27

雌性的光萤成虫吸引雄性的招牌动作，像打着一盏灯笼在黑暗中赶路。虽然会发光，雌光萤并不属于严格意义上的萤火虫（萤科昆虫）。

进入保护区应有的礼仪

1. 市民应向自然保护区管理局申请预约进入保护区，在指定时间、指定地点从事经过审批的活动，并且有一定人数容量限制。

2. 切勿捕猎或骚扰任何海洋生物，不要捕捉昆虫和其他动物。

3. 不可摘取任何植物，不要践踏红树林的根部、幼苗和海草。

4. 不可有意惊扰鸟类，在保护区里不大声说话，更不可喧哗，尽量不要穿鲜艳的衣服进入保护区。

5. 切勿乱抛垃圾，污染水体。

6. 安静细心地观察自然生态，尽可能用镜头留下生态观察，并了解相关知识。

再没有一种树和深圳人如此相像

Ocean

红树林自然保护区 2012.04.12

红树是唯一在海滩上生长并可承受海潮浸润的木本植物，红树林是陆地与大海交接处唯一的森林。

在深圳260千米长的海岸上，在陆地的尽头、海洋的开端，生长最多的植物就是红树。它是唯一在海滩上生长并可承受海潮浸润的木本植物，是唯一在陆地、海洋都可生长发育的两栖类植物；红树林是陆地与大海交接处唯一的森林。

因为选择了在大地和海洋的交接处生长，一棵红树的一生，会遇到无数的磨难，涨潮的海水会淹没低矮的幼苗，让它无法呼吸；海水退潮会带走养分；栖息的滩涂湿地脆弱而不稳定；扎根的土地中含有致命的高盐量……

面对生存环境的严酷和威胁，红树进化出了对应的办法：它长出密集而发达的支柱根，牢牢扎入淤泥中，形成了稳固的支架；它长出呼吸根，挣扎着从水面和污泥中伸出，吸取空气；它将体内的盐分聚集在肥厚光亮的叶片里，形成晶体，落叶时，盐分便随树叶脱落；最奇特的是，它还会用胎生繁殖后代，增加种子的生存机会。

红树生活在大陆和海洋的交接处，聚合在一起组成丰富的生态系统，在严酷的环境中找寻生机，在迁徙的过程中落脚生长——世界上，再没有一种树和深圳人如此相像。

桐花树

红树林自然保护区 2012.03.07

红树有独特的叶腺，可将体内的盐分排出来，聚集在肥厚光亮的叶片里，形成晶体，落叶时，盐分便随树叶脱落。

广翅蜡蝉

红树林自然保护区 2012.05.27

红树林中部分害虫肆意，一些树种大量死亡。密密麻麻的广翅蜡蝉就是红树的一种天敌。

红树林自然保护区 2012.04.12

一片由海滩向陆地延伸300米的红树林，可抵御一定风力的海浪，可以减轻台风带来的灾害。

深圳湾 2012.03.18

红树的出水通气根，保证了它在潮涨潮落时和在淤泥里都可以呼吸到足够的氧气。

红树林自然保护区 2012.04.12

基围鱼塘洼地和开花结果的陆地灌木树林，为保护区内的野生动物提供了必要的食物。

红树林自然保护区 2012.04.12

滩涂上苍劲板结、扭曲纠结的红树树根。

密集而发达的支柱根，牢牢扎入淤泥中，形成了稳固的支架，使红树在台风和海潮来袭时能站住脚跟。

深圳湾里的红树林和小白鹭

深圳湾 2009.01.10

玉带凤蝶

翠鸟

鸬鹚

人面蜘蛛

竹虎天牛

藤壶

黑脸琵鹭

招潮蟹

花身鸡鱼

乌塘鳢

鲻鱼

大弹涂鱼

蛏子

血蚶

文蛤

一棵红树就像一座楼房，从楼顶天台到地下室，生活着大大小小的生命。

生命合住的楼房

深圳 260 千米长的海岸线，曾经覆盖着中国南海岸边最茂密繁盛的红树林。遗憾的是，其中 80% 的面积在 1949 年后完全消失。根据《我国近海海洋综合调查与评价（2012）》，整个中国 60 年里红树林的面积丧失了 73%，由 55 万公顷减至 15 万公顷。

红树林茂密生长的湿地，是世界上物种最多样化的生态系统之一。一棵红树就像一座楼房，高层是鸟雀的落脚处，树叶和树干上栖息着蝴蝶、甲虫和蜘蛛，螃蟹、贝类寄居在根部，浸泡在海水中盘结的根是鱼虾和浮游生物的庇护所。红树这座楼房，从楼顶天台到地下室，生活着大大小小的生命。

凋落的枝叶、盛开的小花、成熟的果实是寄住者的食物，鸟、鱼、蟹、贝类和蜉蝣生物弱肉强食，组成了生生不息的食物链，围绕着红树发育和生长，所有的生命相依相存，环环相扣。

砍掉一棵红树，犹如拆毁一座许多生命寄住的楼房。

西部海岸 2006.08.12

深圳西部海岸正在被填埋的滩涂和即将消失的红树林。

西部海岸 2012.04.21

同一地点，填海完成后建起的高楼。

一棵树也可以怀胎育子

海浪的冲击、高盐分、各种动物的觊觎……为了延续族群，许多红树并不像其他植物那样果实成熟后就掉落，而是像人类一样，让果实在母体中发育一段时间，长大强壮后再播撒，这段助跑的过程大大增加了红树种子的生存机会。这就是红树的"胎生"。

红树植物的果实在离开母树前就从母株吸取养分，生长发育成棒状胚轴，胚轴成熟后就从母体脱落，笔直坚硬的胚轴一脱落就能顺利插入周围的软泥中长成小苗。

那些未能及时扎根在淤泥中的幼苗，随着海流在大海上漂泊，这样的漂泊可能是几个小时，也可能是几个月，可能是几十米之内，也可能在几千公里之外，但有一点不会改变，只要寻觅到合适的栖息地，迁徙的幼苗就开始扎根生长。

红树林自然保护区 2012.04.02

红树秋茄的果实在离开母树前就从母株吸取养分。

珊瑚有话说

O c e a n

围绕珊瑚群生长的生命
大亚湾 2012.08.29
围绕珊瑚群生长着形状各异的生命：
黑色的海胆、肉乎乎的方柱翼手参、
像白色羽毛一样的腔肠动物羽螅……

在地球上，可以盖起坚硬的石块建筑的动物，除去人类，就是珊瑚。在太空的宇航员，要靠仪器才能看到延绵的万里长城，而在现实生活中，人类可以用肉眼看到珊瑚在太平洋中的杰作——大堡礁。

"珊瑚"狭义上是指珊瑚虫及其组成的一簇簇的群体结构，广义上是指由众多珊瑚虫及其分泌物和骸骨构成的组合体。

珊瑚群落有别于其他生物，它们是可以不断生长、永远活下去的生命，确实称得上长生不老。一个珊瑚群落的死亡不是因为衰老，而是因为外部环境的变化和人类活动的破坏。一般来说，珊瑚礁的生长速度是每年 1 厘米，我们在海底见到的直径超过 1 米的珊瑚礁年龄至少有 100 岁。那些在深圳近海被填埋、炸毁、污染、盗采的大片珊瑚礁，有的甚至已经活了数万年。

珊瑚是最脆弱的生物，对环境尤为敏感。深圳近海珊瑚的死亡率约 40%，主要原因是填海、工业和生活废水污染以及渔民拖网、电鱼、毒鱼、炸鱼带来的伤害，更恶劣的是有人盗采珊瑚，非法加工成工艺品出售。

1988 年红珊瑚被列为国家一级重点保护动物。采伐和非法买卖珊瑚工艺品都会涉嫌犯罪。珊瑚礁则庇护着近四分之一的海洋生物，据估计 50 年内全球 70% 的珊瑚礁将会消失。深圳的珊瑚礁资源 95% 集中在大鹏半岛，潜爱大鹏（全称"深圳市大鹏新区珊瑚保育志愿联合会"）因在深圳近海"种珊瑚、种人心"，2020 年获得中国户外金犀牛奖"最佳公益环保精神"，则展现了城市的另一面。

我们个人能做到的最基本的努力是：永远不要购买珊瑚工艺品。没有消费，就没有伤害。

指形鹿角珊瑚
大亚湾 2012.09.11

大亚湾里的指形鹿角珊瑚。

深圳沿海的珊瑚大都是石珊瑚，在石珊瑚中，鹿角珊瑚长得最快，每年可以长20厘米。

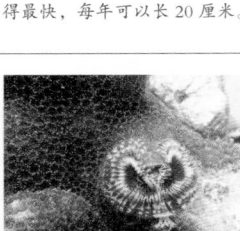

龙介虫
大鹏湾 2012.07.04

栖息在脉状蔷薇珊瑚上的龙介虫构成了一个猫头鹰的头像。

角孔珊瑚 大鹏湾 2011.10.08

造礁珊瑚五彩缤纷的颜色来自共生藻。

珊瑚群落
大亚湾 2012.09.01

在大亚湾里生长了数千上万年的珊瑚群落。

石头鱼 大亚湾 2012.08.29

隐藏在纽扣珊瑚中的石头鱼。

扁脑珊瑚 大鹏下沙 2012.09.27

深圳近海海底有些地方像沙漠一样荒凉，只有抗污染、生命力强的扁脑珊瑚仍在顽强生长。

海底的森林

O c e a n

蝴蝶鱼 大鹏半岛 2012.07.04

大鹏半岛海底，在珊瑚礁的断壁残垣中寻寻觅觅的蝴蝶鱼。

下午 4 点多，阳光折射到水里，照在蝴蝶鱼那扁扁的身体上，鱼鳍都变成了鲜艳的金黄色，这是它们一天中最漂亮的模样。

与深圳相连的香港近海，有 84 种珊瑚，深圳的海洋面积、天然环境和香港没有太大差异，珊瑚的数量理应接近。但深圳湾以西，水质污染，泥沙沉积，加上珠江入海冲淡了海水盐分，已基本没有珊瑚生存，深圳的珊瑚大部分生长在水质相对良好的大鹏湾和大亚湾。

站在海边，我们望到的是碧蓝的海面，对海底的景象是那样陌生，辽阔的海底犹如大地，健康完整的珊瑚群落就像陆地上的原生态森林，它不仅为数不清的生命提供了栖息的领地，还给这些生命提供了延绵不断的食物链，一个珊瑚群体的顶部、底部、周边甚至内部都生活着大大小小的生命：把自己用珊瑚沙埋藏起来的河鲀（tún）、生长在珊瑚礁上像烟花似的管虫、在珊瑚礁孔穴中生儿育女的螃蟹、共生在珊瑚虫体内的藻类、一生都不会离开珊瑚礁的蝴蝶鱼……多种多样的海洋生物都围绕着珊瑚找到了生存之所，并在其中生生不息。

在海底，许多生命不会做长距离的迁徙。只要珊瑚礁还在，它们就会在其中一直生活下去，一代又一代，哪怕这里的珊瑚已全部白化死亡，只剩下没有活珊瑚的珊瑚礁，它们还会在这里坚持生活很多代。

我们采伐的珊瑚，对我们来说也许只是摆在桌上的一件工艺品，而对生活在其中的生命，是性命攸关的家园，失去后就无法再延续繁衍。

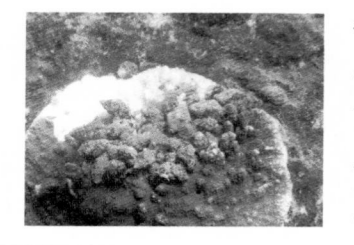

蔷薇珊瑚 大亚湾 2012.09.11

被果核螺啃食的翼形蔷薇珊瑚开始白化。

在海底亲眼看到珊瑚斑斓灵动的模样后，你会觉得把这样美丽多彩的生命做成干枯刷白的工艺品是多么残酷而又愚蠢。

在深圳近海生长的主要是造礁珊瑚，柔软的活体本来是无色透明的，其绚丽斑斓的色彩来自共生藻。在外部环境干扰下，给珊瑚提供营养的共生藻会大量离去或死亡，相依为命的共生关系解体，珊瑚会迅速白化。对珊瑚来说，白色，就是死神。

白化的珊瑚 大亚湾 2012.09.27

这是大鹏湾上洞电厂附近海域已经白化的珊瑚。即使珊瑚已全部死亡，蝴蝶鱼也会守着珊瑚礁。

香港渔农自然护理署在珊瑚生长区设置的浮标，严禁机动船航行

与深圳相连的香港近海，有 84 种石珊瑚，这是香港渔农自然护理署和民间 300 多个潜水自愿者持续多年的海底调查得出的精确数字。

香港制定了《海岸公园和海岸保护区规例》，不仅严格规定不许采集买卖珊瑚，同时在珊瑚的生长区设立机动船只禁行区和禁止下锚区。

丛生盔形珊瑚

大亚湾 2012.09.11

大亚湾里有超强繁殖能力的丛生盔形珊瑚。

丛生盔形珊瑚和柱角孔珊瑚都是生殖力最强的石珊瑚。在繁殖季节，大部分石珊瑚会同步产卵，成千上万只卵一方面提高了受精率，一方面减少了天敌捕食带来的损失。

为了繁衍后代，扩大领地，石珊瑚还会将幼体送出，可以在海流中经过漫长漂游而不发育，等选择到新的合适领地后再集群生长。

最绝的是，石珊瑚可以无性繁殖，折下一节石珊瑚，它可以在合适环境里长出新的群体。

栖息在扁脑珊瑚上的蛇尾

大鹏半岛 2012.08.15

太阳照常升起，太阳照常落下

O c e a n

2005 年 7 月 15 日，深圳湾的落日。

　　在深圳，人类活动的痕迹最早可追溯到 7000 多年前。7000 多年里，这个中国南海边的小地方，经历了沧海桑田的变迁，唯一不变的就是每天的日出和日落——太阳照耀着深圳的土地，用光和热滋养着成千上万种生命，它抚摸过一代又一代的生死过客，它目睹了一次又一次的朝代更迭。

　　阳光照耀生命，记忆留存大地，太阳照在 7000 多年前被称为"古越人"的深圳先祖身上，他们在大小梅沙一带沿海而居，打鱼狩猎，刀耕火种；太阳照在晋代的宝安人黄舒身上，父母去世之后，他在坟前搭起草屋，一守 6 年，成为历史上著名的"南粤孝子"；太阳照在南宋名将文天祥身上，他战败被俘，被元军押着北上，途经珠江口的伶仃洋，写下千古绝唱"人生自古谁无死，留取丹心照汗青"；太阳照在明代宦官张源身上，他出使暹罗（今泰国），途经深圳，为了感谢天妃的庇佑，在蛇口赤湾盖起至今留存的天妃庙；太阳照在清政府官员王存善和英国人洛克身上，他们在城下之约《展拓香港界址专条》签订后，一步步从沙头角走至深圳湾，最后勘定了深港边界线；太阳照在起义军首领卓凤康身上，他手里拎着一包煮鸡蛋，冒充炸弹，冲进县衙门，结束了清政府在深圳地区数百年的统治；太阳照在东江抗日纵队的情报官袁庚身上，他征战四方，在 62 岁时回到家乡，创建了蛇口工业区……

　　1979 年，一个老人"在中国的南海边画了一个圈"，太阳照在纷至沓来的数千万迁徙者和原住民身上，他们在 40 多年里对这片土地的改变，超过了以往 7000 年的总和。

　　生命代代更迭，我们终将老去，只有恩泽万物的太阳照常升起，照常落下。它在嘱咐我们：生命苦短，岁月漫长，请善待这片收容滋养了我们的土地，请善待和我们一起生活在这片土地上的所有生命。

2009 年 1 月 1 日，在深圳东部的长湾海滩迎来新年的第一轮朝阳。

2007 年 2 月 4 日，从大鹿港翻过抛狗岭，走过半天云村，下山时已近傍晚，绕过一片寂静的墓园，在转弯处忽然看到了大鹏湾上空的落日。白天暴烈刺目的太阳一下变得那样柔和，一轮巨大的红色圆球把天空染得通红，给巨大的云朵镶嵌了一圈金色的框边，在海面铺了一条闪闪发亮的大道，小船和巨轮在其中来来往往。

如果真能穿越时空，落日下这条金光闪闪的大道，就是穿越来世和昔日的路径吧。

2013 年 1 月 1 日凌晨，大鹏半岛最南端，迎来新年照在深圳的第一缕阳光。

2011 年 12 月 4 日，在鹅公湾的海岸线上，看到"巨蛇吞日"的景象，夕阳挂在对岸香港的蚺蛇尖的山顶上，一点一点沉下去。

2004 年 11 月 3 日，走下排牙山时已近黄昏，忽然发现最后一束金色的夕阳穿过浓密的黑云，洒向大亚湾的海面，像朦胧入睡的天神忽然睁开了一只眼，又像天幕照在大地舞台的一束追光。

张爱玲说："于千万人之中遇见你所遇见的人，于千万年之中，时间的无涯的荒野里，没有早一步，也没有晚一步，刚巧赶上了，那也没有别的话可说，惟有轻轻地问一声：噢，你也在这里吗？"

行走在山水间，与触动心灵的景色相遇，也就是在那一刻，没有早一步，也没有晚一步。

2011 年 1 月 1 日，在大亚湾和大鹏湾交界处的西冲海滩迎来新年的第一缕阳光。

深圳观赏日出日落的10个好地方

梧桐山　　最高点：944 米
在傍晚前登顶，看晚霞满天，看夕阳西落，看夜色降临，看整个城市的万家灯火一盏盏亮起。

莲花山　　最高点：106 米
看落日悬挂在福田、罗湖的高楼丛林中间，黄昏时的深圳，玉体横陈，毫无遮掩地炫耀着她的财富、繁华和无边无际的诱惑：深南大道上涌动的车龙像一条川流不息的黄金之河，灯光璀璨的市民中心像一个富丽堂皇的水晶宫殿。

凤凰岭　　最高点：249 米
可以看到华强北上空的落日，北环路涌动不息的车龙和银湖荡漾着点点波光的湖面。

大南山　　最高点：335 米
西望妈湾，南望赤湾，东望海上世界，艳红的夕阳和晚霞中，常常有深圳机场刚刚起飞和准备降落的班机穿越其中，仿佛天外来客。

大雁顶　　最高点：796 米
深圳东部观赏日出的最佳处：先看到红霞满天，再看到红日从海面上一点点露头，然后一下跳出海面。

2007.09.06
日落深圳湾。落日染红的余晖里，归巢的黑翅长脚鹬飞过。

2012.07.01
南澳湾的落日。

2009.04.24

浪漫，是大自然对城市的慷慨馈赠。即使在繁忙的加班时间，上下班拥挤的车流中，也可以抬起头，看看日出日落、漫天红霞。

深圳湾公园
可以欣赏到深圳湾的落日，亮起点点灯光的深圳湾大桥，晚霞映照下的大运会馆"春茧"闪耀着怪异的光芒，犹如外星降落的宇宙飞船。

海柴角
深圳的最东点，深圳每天最早迎来阳光的地点。

长岛海滩
在这个岛被封闭之前，我曾经连续 5 年在这个海滩迎接新年的第一缕阳光。

南澳海湾
渔船穿梭，云团锦簇，是欣赏日落的好去处。

小三门岛
这是大鹏半岛和中国南海之间一个美丽的荒岛，在岛上的最高点露营，可以看到美丽的日落，也可以看到壮丽的日出景象。

2021.10.07

日出深圳湾。天气晴朗的日子，在深圳湾公园的日出剧场，可以看到千百年来如约而至的晨曦照在这个年轻的城市身上。

"它们的身影，美得让我落泪"

O c e a n

2013 年 3 月 10 日，在马峦山上看到的银河景像。

在这星辰闪耀的夜晚 星光洒满大地 也温情地拥抱着我 仰视北方的夜空 一切都平静安详 盛夏温暖着大地 心中充满暖意 这星辰闪耀的夜 极目最远处 孤星的影子 美得让我落泪。

——詹姆斯·艾吉

为什么要仰望星空？在这个中国人口密度最高的城市之一，生存压力是那样大，张望星星是最不靠谱的举动之一。与养家糊口、安身立命的大事相比，遥不可及的星空似乎那样渺小，毫无用途。

只是，星空在那里，尽管我们用浑浊的废气遮蔽了它们，尽管我们塞满着各种欲望的心思没有给它们留一丝空间，它们依然在那里，在看不到起点、望不到尽头的岁月里，那一片繁星始终在那里。因遥远而神秘，因神秘而美丽。

2013 年 6 月 2 日，深圳天文学会的会员在马峦山上观赏银河。黑格尔说："一个民族需要一群仰望星空的人。"同样，一个城市，也需要一些仰望星空的人。

7000 多年前，最早在深圳居住的先祖们聚居在大小梅沙的海边，那时，没有电脑和手机的屏幕，没有电光声色的酒吧，连书本也没有，天空是那样清澈，漫天星星是那样明亮，他们对星空的注视一定比我们多得多。人类的

2012 年 7 月 29 日，在深圳最高点、海拔 944 米的梧桐山顶眺望星空下的深圳。不远处都市的繁华，碧蓝夜空下的星辰，被人工光照亮了的云朵……深圳的夜景，有别样的美丽。

2011 年 8 月 15 日，大亚湾上空的英仙座流星雨。

英仙座流星雨在夏季夜空流星雨中首屈一指，和年底的双子座流星雨及年初的象限仪流星雨并称北半球全年三大流星雨。图中央已经升起的猎户座清晰可辨。

　　先祖们一定不约而同地认为发光的星辰和自己的命运息息相关，所以就有了东方的二十八星宿和西方的十二星座。

　　要在夜空下看到满天繁星必须同时具备 3 个条件：清澈透明的空气，没有光污染的环境，开阔的视野。在深圳的市中心和西部，3 个条件同时具备已是遥不可及的奢望。在深圳看星星，要到大鹏半岛的东部和南端，越往南走，夜空越清澈，星星越多，越明亮。

　　天气晴朗的日子里，夕阳西下，夜幕降临，东西冲（涌）的上空星星开始浮现，午夜前会慢慢布满黑蓝色的天幕。尤其是东西冲都有能下海的沙滩，浮在沁凉的海水里，抬头仰望，星星密密匝匝地挤在一起，好像扑面而来。

　　在梅沙尖顶、大雁顶、马峦老村露营，也可以看到星星。在夜色中北望，繁华的市区将西北方的天空染成了粉红色，渐渐往东南，天空恢复了本来的漆黑色，星星也开始出现。

　　欣赏星星的好去处还有东部的一连串海岛，这些海岛远离市区，人迹稀少，有的甚至连电源都没有，夜色更加浓黑，星星更加明亮，不安的海面和璀璨夜空看上去相隔万里，最终却在天边连接了起来。

　　英国作家王尔德说："我们都生活在阴沟里，但其中依然有人在仰望星空。"也许，正因星空是那么遥远，永远也无法到达，无法触及，反而与心灵特别容易接近。

　　仰望星空，倘若有悟性，能望穿金钱与权力的游戏，能看到欲望应该停下来的边界，能发现心底原来有的敬畏和怜悯，能找到回家的路。

1912年的星光

天气晴朗的日子，在马峦山顶、梅沙尖顶、七娘山顶，尤其在大鹏半岛的最东端，可以清晰地辨认出北斗七星：天枢、天璇、天玑、天权、玉衡、开阳、摇光。

其中第七颗摇光星距离地球110光年。那就是说，我们今天看到的摇光星的光芒是1912年出发的，这束光芒在茫茫宇宙中以每秒30万千米的速度向我们走来，走了整整110年。此刻，它用1912年的光亮迎接我们的目光。

1912年，深圳是什么模样？

那一年的深圳，名叫新安县，与中国大地上成千上万个乡村别无异样，田野开阔，房屋低矮，炊烟袅袅，鸡犬相闻，唯一不同的是，早年下南洋的华侨会寄钱回来，家境好的人家建起一些三四层高的碉楼，在灰墙黑瓦的平房中显得鹤立鸡群……

那一年，高颧深目的深圳乡民日出而作，日落而息，是水深火热的中国大地上生存压力最小的百姓，深港之间并没有隔离，两地居民随意出入，那些最底层凭力气吃饭的乡民，早上挑上一担米，跨过深圳河到香港、九龙贩卖，就可赚到一点生活费，就像当年的民谣里唱的"朝营白米渡河界，晚鱼烟酒坐茶楼"……

1912年的深圳，政治中心在南头古城，县衙门、海防公署和鸦片烟馆、妓院同在一条500米长的街上，相安无事。无论是已经崩溃的清政权还是刚刚建立不到一年的民国政府，对乡村的控制都十分松散，村民们依靠宗族和村庄里的祠堂，自我管理，井井有条……

1912年，中国第一代留学生詹天佑主持修建的广九铁路刚刚通车，粤港间的第一个停靠站就设在一个名叫深圳墟的地方，这个地方迅速开始繁华热闹，成为广东东部的商业中心……

回望110年前的星光，世事万变，张望将光芒照向未来的星，心事苍茫。再过110年，此刻从摇光星发出的光芒，再照在深圳时，深圳将是什么模样？

2012年7月16日凌晨，西涌天文台拍摄到了苍穹对深圳绽放的微笑——双星伴月。图中最亮的是弯弯的月亮，月亮右上方最亮的是金星，作为启明星的它熠熠夺目。图中最上方的是木星，与月亮、金星一起组成了空中的笑脸，只是月亮有些乐歪了嘴。

2013年9月2日，七娘山的星空。

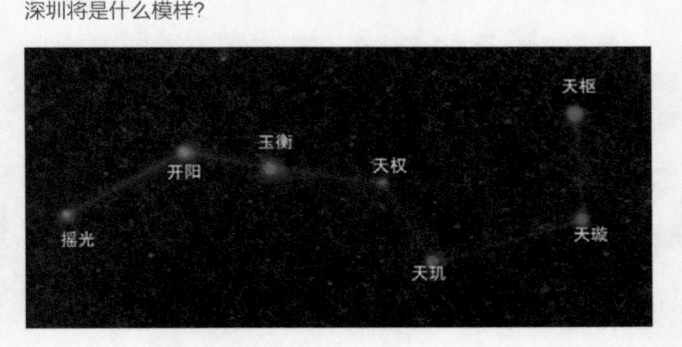

北斗七星——天枢、开阳、天权、玉衡、天璇、摇光、天玑。

深圳四季星空图

　　天气晴朗时，在深圳市区就可以看到金木水火土五大行星。但要观察星空，还是要去东部的山野和海边。由于地球自转和公转，星空随着季节的变化而缓慢变化。这里呈现的是深圳四季星空图。

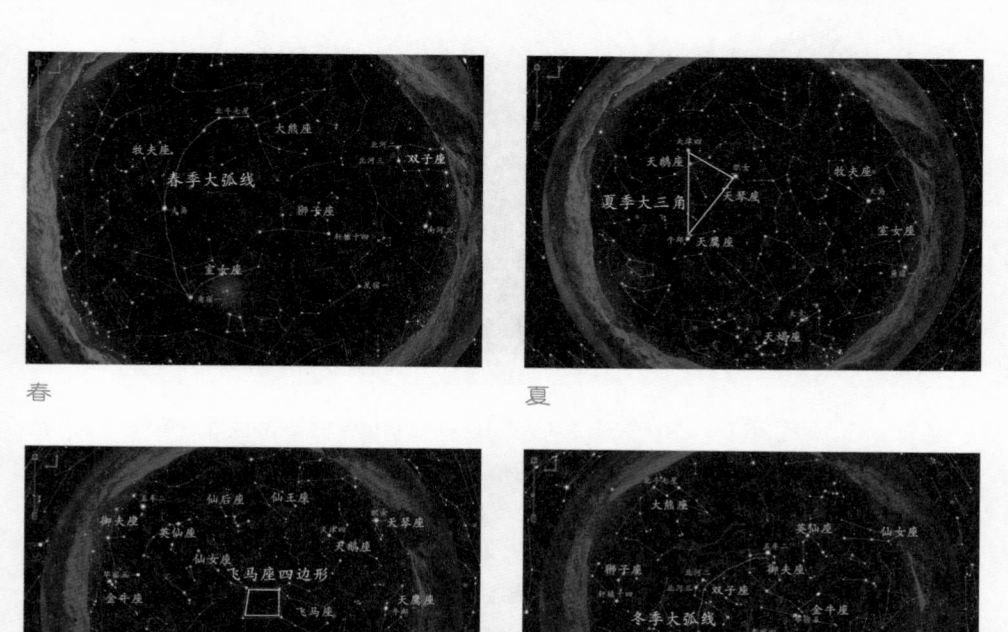

春　　　　　　　　　　　　　　　　　　　　夏

秋　　　　　　　　　　　　　　　　　　　　冬

云日记

Ocean

1980 年 7 月 17 日，水贝上空的积云。

1980 年的深圳，东门和蔡屋围之外就是成片的田野和山丘；如今的水贝，高楼林立，珠光宝气，是全球的珠宝加工和交易中心。这张珍贵的图片让我们见识了深圳用 40 年的时间创造了怎样的奇迹，也让我们见识了深圳也曾有过怎样清澈碧透的天空。

1989 年 11 月 26 日，第一次走进深圳，让我惊叹的不是高楼大厦、繁华街景，而是碧蓝的天空和大朵大朵的变幻不定的云团。

云，其实是我们身边最变化多端的自然景象之一，只是忙碌的人们不太留意。记得张艾嘉导演的电影《心动》里，金城武和恋人失散 10 多年，寄托自己思念的方式就是在不同的地方随手拍一张云彩的照片，再相会时拿给恋人看，没有一朵云彩相同。

隐居在瓦尔登湖边的梭罗说："如果我真的对云说话，你千万不要见怪，城市是一个几百万人一起孤独地生活的地方。"

云被称为"天空中的海"，在离地面 10 千米高度的范围内，无数微小的水滴和冰晶组成了云。细心观察，你会发现深圳的云会随着一年四季的变化而变化。

每年 2 月至 4 月的春季，深圳最常见的云是层云和显得有点阴郁的积雨云。这个季节，梧桐山和七娘山被云雾日夜缭绕，难见真容。

5 月，深圳进入漫长的夏季，这是一年里赏云的最佳季节，晴朗天气多，能见度高，暴雨、台风、炽热多变的天气带来千变万化、精妙绝伦的云彩。常见的云有鱼鳞般的层积云、棉团般的淡积云和暴雨前的积雨云。

深圳的平均入秋时间在 10 月下旬，秋季常常只有两个多月，云层变得少而薄，多见的只有卷云。秋高气爽的日子，常常万里无云，只有碧蓝的天空。

深圳的平均入冬时间在 1 月中旬，冬季平均只有 24 天左右，云层的变化好像也随着气温的降低而变得呆滞，最常见的云是高积云和层积云。

深圳赏云的最好去处是梧桐山和海岸边，延绵的云海和大雨前"乌云压城城欲摧"的景象特别壮观。只是，今日的深圳，人口已超过 1700 万，汽车已超过 370 万辆，摩天大楼过百座，阴霾天常常光顾。在市中心，如果抬起头能看到蓝天白云，已是一种享受。

2006 年 6 月 25 日，大亚湾上空被风吹散的碎积云。

2006 年 1 月 29 日，大年初一的梧桐山顶。

因邻近海边，上升的气流在梧桐山顶经常形成变幻莫测的缭绕云雾，"雾绕云缠，风光独秀尘嚣外；谷幽峰峻，画意千重仙境中"。"梧桐烟云"是深圳的新八景之一。

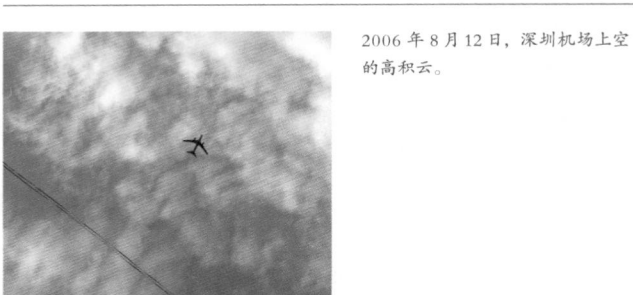
2006 年 8 月 12 日，深圳机场上空的高积云。

2012 年 4 月 29 日，淡积云和高积云笼罩下的深圳。

2011 年 6 月 6 日，梅林上空，正在上升的淡积云。

2011 年 11 月 13 日，马峦山上空的高积云。

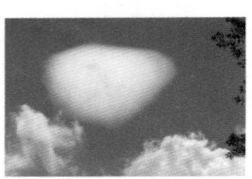
2008 年 6 月 9 日，观澜上空棉絮状的积云，是强劲的高空风形成的。

2012 年 6 月 1 日，大鹏湾上空遮蔽了太阳的淡积云。

2012 年 6 月 8 日，深圳河上空，一抹轻快的卷云。

2012 年 7 月 6 日，雨过天晴，大亚湾上空飘满了淡积云、碎积云、浓积云，一座弯弯的彩虹桥架在海天之间。

2013 年 5 月 31 日，深圳上空的积云犹如延绵的山峦。

2016 年 1 月 16 日，梧桐山顶的雾给我们构制了一个穿越时光的隧道。冬季和春季在深圳山野里行走，常常遇到大雾，有时 10 米外就白茫茫一片，看不见任何东西，却有鸟鸣、风声、人语隐隐传来，那是一种奇幻的经历。

云和雾是一对姐妹，它们都是由小水珠和冰晶组成。一般认为，贴在地面的是雾，飘在空中的是云，只是雾的水滴很小，不能形成大的雨滴、冰雹或雪花落下。只有小水滴十分之一的雾滴一般在太阳出来后就会蒸发掉。

看到双彩虹的深圳人是多么幸运

　　2012 年 9 月 1 日黄昏，一道双彩虹出现在深圳的天空，许多人驻足观看，办公楼里一片沸腾，大家都挤到窗前和楼顶一睹这难遇的景象，有的姑娘还面对双彩虹开始祈祷。

　　一场大雨之后，会在天空中留下一群小水滴，它们与阳光恰恰在深圳上空相遇，最重要的是，太阳光又恰恰从 40—42 度照进水滴中，这时，彩虹才有可能出现。

　　如果多情的阳光愿意在水滴上折射两次，就会出现双彩虹，副彩虹出现在主彩虹 10 度的上方，赤、橙、黄、绿、青、蓝、紫的七彩顺序正好和主彩虹相反，只是颜色要比主彩虹浅得多。

　　大自然对深圳特别垂青，一般地方，双彩虹 10—20 年才会出现一次，在深圳市中心上空，2020 年 6 月 16 日和 2020 年 9 月 17 日，不到一年出现了两次。

2012 年 6 月 30 日，大梅沙海湾的彩虹。

2012 年 9 月 1 日，跨越整个深圳湾的双彩虹。

岁月神偷

O c e a n

1915 年，在香港新界被猎杀的华南虎。华南虎在香港最后出现的时间是 1947 年，在深圳最后出现的时间是 1961 年。

2006 年，为了完成《解密深圳档案》和《深圳记忆》的写作，曾细细阅读了一遍深圳的历史档案，其中有两组数字让我记忆深刻。

1961 年 12 月，宝安县（深圳的前身）县长吉凤亭在工作报告中宣布：1958 年到 1961 年，全县民兵共捕获了各种野兽 2984 头，其中老虎 6 只、山猪 551 头。这是深圳土地上华南虎的最后记录。

1980 年，宝安县变身为深圳市，还留下 34 种以上的国家重点保护动物，20 种以上的广东省重点保护陆生野生动物，短短 40 年，大部分早已在这片土地上灭绝，完全失去了踪影的有赤麂、水獭、大灵猫⋯⋯

即使到了 1997 年，深圳年龄超过 100 岁的古树还有 1000 多棵，在开发的浪潮下，一棵棵古树不断"失踪"——毁害它们的人其实知道古树的珍贵，所有的砍伐、挪移、贩卖大都是悄悄进行。梅林曾有一片 800 多株的古荔枝林，保护下来后完全可以作为深圳的地标，但最后还是落在地产商手里，被砍得只剩下了 30 多棵。

建市 40 多年里，深圳的陆鸟减少了 34.8%，水鸟减少了 30.2%。大规模、没节制的填海导致深圳湾的自然淤积速度上升，不仅飞鸟失去了家园，原先每天都可以循环一遍的海水现今需要 5—6 天才能循环一遍，深圳湾的平均水深已降到 2.9 米，退潮后的泥潭已和对岸香港的陆地连在了一起。如果再把深圳湾当作排污沟和垃圾场，50 年内，水质浑浊，散发着腥臭的深圳湾也将彻底消失。

中科院南海海洋研究所对大鹏湾和大亚湾的监测发现，因为污染，海水酸化，珊瑚礁出现了白化和衰退。如果海水污染继续加重，温度升高，二氧化碳浓度加大，大鹏湾和大亚湾海底那些迷人的珊瑚将渐渐被溶解，最后彻底告别深圳的近海。

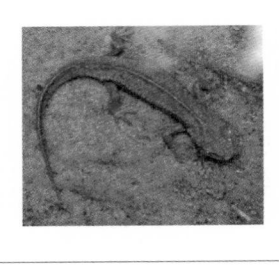

2004 年 1 月 31 日，碧岭溪水中的蝾螈。

消失的时间：2010 年 。

2007 年 2 月 11 日，坝光村口小河的入海口湿地，咸淡水交汇的湿地上生态丰富。坝光是深圳观鸟协会推荐的 6 个观鸟胜地之一。可以观察到中华鹧鸪、红点颏、灰背椋鸟……

湿地消失的时间：2010 年。

2005 年 4 月 24 日，大鹏湾咸头岭岸边的扁脑珊瑚。

消失的时间：2009 年。

2004 年 12 月 19 日，塘朗山中的土沉香，被砍得开膛破肚。深圳山岭里的土沉香树已被偷伐殆尽，有人开始偷渡到香港盗伐。

　　每年长假，都会有数万人拥进大梅沙海滨，留下数百吨垃圾，潮水般的踏踩，会导致沙滩板结泥化，如不控制，下一代深圳人可能会失去这个离市区最近、可以亲海的沙滩。……

　　历史对我们说过无数遍：不保留 30 年里的东西，以后的 300 年、3000 年就永远消失了。只是，不知要过多少年，我们才听得进去，才能明白，才能付诸行动，做出改变。

2008 年 7 月 31 日，桔钓沙海岸边"卧听海涛"的礁石。

消失的时间：2010 年。修建游艇码头时填埋了整个沙滩。

2005 年 11 月 5 日，马峦山冬日里盛开的梅花。

2006 年 1 月 23 日，刚刚换上新对联的老祠堂。

在深圳的乡村史里，祠堂起着巨大作用，它既是族人祭祖、议事、办红白喜事庆典的公共场所，又是培养学子的私塾。数百年里，偏僻宁静的深圳乡村，"自耕渔而外不废弦歌"，依托的就是祠堂与学堂。

消失的时间：2010 年。

2009 年 8 月 30 日，被西丽水库淹没的古碉楼。

2004 年，深圳女作家唐冬眉开始创作《远去的家园：宝安古村落记》，走访记录宝安区百年以上的古民宅、古村落、古建筑 1600 多处。3 年后，《远去的家园》出版，原来的古迹只剩下了 600 多处。

2012 年 4 月 12 日，退潮后的深圳湾，滩涂已和香港连成了一片。如果深圳人继续将深圳河当作排污沟和垃圾场，50 年内，深圳湾将彻底消失。

一个最美乡村的消失年表

2005 年 11 月 5 日，坝光老村景象。

消失时间：2010 年。

坝光海湾的金色黄昏。

2003 年 10 月，"坝光寻梦"被数十万深圳市民投票选为深圳最美的 31 个景色之一，与"梧桐烟云""梅沙踏浪""羊台叠翠"齐名。入选的理由是：坝光 18 个自然村散布在 16 千米的海岸线旁，三面环山，一面向海，排牙山云雾缭绕，老屋静谧安详，访客走进悠悠小村，仿佛进入了梦中的世外桃源。

2006 年 11 月，"寻找广东最美乡村"的评选结果公布，坝光村入选"广东最美的 50 个村落"。

2009 年 9 月，《城市画报》将坝光列入"中国最想与爱人分享的 60 个小地方"。

时光再往前倒退 60 年，整个坝光都掩映在密林之中，坳仔村里数千棵樟树头尾相接，迷醉的香气飘荡在整个海岸线上——这是坝光最后的美丽时光。

20 世纪 60 年代，农业学大寨，坝光伐木除林，围海造田；70 年代，香港为保护环境开始禁止开采海沙，和内地关系甚好的香港商人拿到了在深圳采砂的特权，坝光的银色沙滩从此消失，空留下"白沙湾"一个地名；80 年代，急剧增长的人口对海鲜的需求加大，坝光再一次开始大面积砍伐红树林，围海养殖，修建水上餐厅……

进入 2000 年，坝光的原生丛林已完全消失，零零落落的树木和红树林已不足 200 亩。尽管如此，都市里的深圳人仍然认为这里是深圳最有自然生态美的村庄。

彻底的毁灭是在 2008 年，深圳精细化工园区在坝光动工建设，开始大规模拆迁。在民间强烈的质疑与反对声中，化工园区下马，改为"新兴产业园"。只是，最美乡村已残垣断壁、一片狼藉。人们忙着拆迁和被拆迁，补偿和被补偿，没有太多的人去关注那些生长了数百年的树、迁徙了数千年的鸟、潮起潮落了数万年的海滩。

随着时间的推移，消失了的老村坝光会让我们怀念、痛惜和懊悔，如果我们还肯自省的话，它还会让我们羞愧。多少年以后，我们会明白：那个消失在我们手上的村庄，其实就是你我的故乡。

永远消失了的大海

深圳大学校园里，有一块铭刻着"古石今人"的大石头，没有多少人知道，40 年前，它是海岸边的一块巨石，每天经受海风吹拂、浪花拍打，40 年里，它纹丝没动，动的是海岸线——海岸线已经退到了 2 千米之外。

1983 年 8 月，法国人制造的远洋客轮"明华号"结束了远航，抵达蛇口海湾，永久停靠在深圳，成为著名的景区"海上世界"。40 年弹指一挥间，"海上世界"的海已远去，这艘船永远"长"在了陆地上，当年停泊的港湾已彻底消失。只有登到客轮的最高处，目光穿过林立的高楼，才能依稀望到一线遥远的海景。

我们可知道，停靠万吨巨轮的盐田港、24 小时通关的皇岗口岸、大运会春茧场馆、对未来的发展充满想象的前海、热闹繁忙的宝安机场……都是填海腾挪出来的土地。

到 2020 年，填海为深圳新增陆地 119.5 平方千米，相当于再造了 11 个蛇口半岛。2020 年起除国家批准重大项目外，深圳全面禁止围填海。

什么样的巨变可以称得上沧海桑田，这就是了吧。

短短 40 年里高强度的开发，使深圳 260.5 千米海岸线中自然岸线仅占 38.5%，原生态海岸被切割、摧毁和污染。如今，深圳西部从珠江口到深圳湾的海岸线已基本丧失了亲近大海的可能，海水浑浊，滩涂乌黑，人们下海游泳，要到数十千米外大鹏半岛的海滩。

2012.07.14
被填埋的西海湾。

2012.03.31
深圳湾正被填埋，急不可待的地产商已经在不远处的填海区建起商品楼出售。

关注呵护脚下的家园更靠谱

一个城市的历史不仅仅在年代久远的建筑、博物馆的展品、档案馆的文件、史学家的著作中，同时还蕴含在河流、山川、海岸、田野、动物与植物当中，一种曾经遍布深圳山野如今成了珍稀植物的树，一群曾经年年到来如今再没有露面的候鸟，一条曾经清澈如今浑浊的河流，给我们讲述的历史，更生动，更接近真相。

现实是，我们总在谈北极的冰川融化让白熊失去了家园，谈秦岭的竹子开花让大熊猫失去了食物，谈藏羚羊的珍稀，谈长江源的保护，却对脚下的土地、身边的万物不求解，不关心——梅林后山的巴黎翠凤蝶，会不会在一轮接一轮的开发中失去栖息地？梧桐山脚的土沉香树苗，能不能安然地长成一棵大树？深圳河什么时候可以洁净如初？坝光村口那棵已经生长了 500 年的银叶树，能不能在"新兴产业园"中继续活下去？……

关注遥远的他乡，没有错，但关注脚下行走的土地，呵护自己居住的家园，应该更靠谱。

大地的伤口

2012.06.17
深圳西海岸裸露的土地和浑浊腥臭的河流。

2005.01.15
马峦山上废弃了的高尔夫球场，这个被称为"三九大龙健康城"的项目让数名责任人锒铛入狱。开发商不光在改变自然景观，而且正在把一片片公众的土地划为私家禁地。

　　每次在深圳机场起飞和降落，都尽量选择靠窗的位置，从空中俯瞰这个我深爱的城市。机翼下的深圳，像一张色块浓烈的油画，延绵的褐色是水泥屋顶与公路，波光粼粼的灰色是珠江口一带的海岸，稀稀落落的绿色跳了出来，那是山岭和湖泊，最刺目的是成片的焦黄色和暗红色，那是被剥去植被的土地，犹如大地被撕裂的伤口。

　　在山野行走，最难过的就是见到这样的伤口。即使在雨水充足，植物可常年生长的深圳，一片土地的天然植被被毁坏后，完全恢复也要8年以上。

　　今天的深圳，已不是寸土寸金，而是寸土尺金，寸土丈金。谁都知道，只要占据一片土地，只要把楼房、水泥、柏油覆盖在上面，甚至只要把原生林砍掉，种上荔枝树，就意味着滚滚财富。所以，如果你能飞得更高，在太空俯瞰，就会发现，眼下的深圳，是地球上工地最密集，工程最浩大，对待土地上下其手的动作最多、最粗暴的城市之一。

　　我们在这片土地上立足，在这片土地上生活，我们认为自己是城里人。我们真的以为，不用亲身在田地里躬身播种，不用等草木生长，不用盼四季收获，就意味着不接受大地的滋养，不用对土地感恩呵护？

　　土地永远无言，在耐心地等待，等待我们开始明理，开始知足，开始节制，等待这个GDP已经超3万亿的城市，脚步能慢下来，让满目疮痍的土地休养生息，缓一口气。

生态足迹

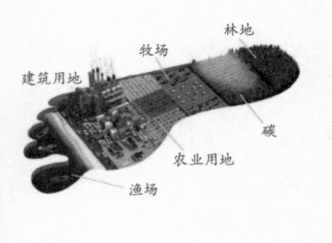

　　一个人在生活要求得到满足的情况下所需要的耕地、牧场、森林和海洋面积，就是生态足迹（Ecological footprint）。每个人的生活要求、标准和习惯不一样，生态脚印的大小也就不一样；一个人消耗的资源越多，他的生态脚印越大。

　　2003年，深圳龙岗区一个居民平均六项生活消费（食物、生活用品、生活耗能、水资源、住宅和生活污染物）带来的生态足迹为1.5公顷，而龙岗的生态承载力仅为0.071公顷，每个人的"生态足迹"是生态承载力的21倍。

时间的重量，让石头开花

O c e a n

褶（zhě）曲岩脉　小鹰嘴 2013.05.19

大亚湾海岸边的褶曲岩脉。

上亿年的火山活动和地壳运动，将岩层像面团一样挤压拉扯，使岩石出现变形、弯曲、断裂、位移。不同的挤压力度产生了不同的地貌。

永远是这样
风后面是风
天空上面是天空
道路前面还是道路
——海子《四姐妹》

秋天的屋顶、时间的重量
秋天又苦又香
使石头开花，像一项王冠
——海子《十四行：王冠》

在我们的脚下，在地壳的深处，涌动着气温高达数千摄氏度的岩浆。炽热的岩浆裹挟着大量的气体和水分，在高温下膨胀，聚集了巨大的能量，只是因为地壳坚硬深厚，被挤压的岩浆只能在地底缓缓移动，无法溢出。当流动的岩浆接近地表，遇到薄弱的地壳，就会喷出地表，石破天惊，火山就这样爆发了。

大约 1.35 亿年前，太平洋板块向欧亚大陆板块俯冲，引发了大规模的火山爆发，炽热的熔岩从地壳的缝隙涌出，一下子和只有 10℃—20℃ 的空气接触，瞬间冷却，收缩，凝固，在大鹏半岛上凝结成了形状各异的岩石，熔岩流巨大的纹理一直到今天还清晰可辨。

漫长的岁月里，海风鼓动着海浪，月亮吸引着潮汐，日复一日，年复一年。上亿年没有歇息的海潮海浪，犹如最有毅力的艺术家，在大鹏半岛的岩石上雕刻出了鬼斧神工的作品。

千姿百态的海岸线，是海浪用 3 种力量雕塑而成：第一

巨大的褶曲岩脉像探头入海的巨龙

黑岩角 2010.02.28

海蚀拱 穿鼻岩 2005.03.23

海浪和潮汐年复一年地拍打着海岸，终于贯穿了海岬，岩石顶部却没有崩塌，形成了奇特的拱门，人们叫它"海蚀拱"。

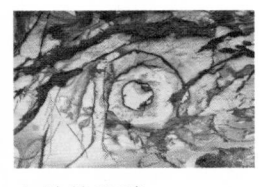

大地的眼睛

小辣甲岛 2010.01.17

大亚湾岸边，一些岩石上布满橙红色的图案，犹如大地的眼睛。这些橙色纹理，实际上是锈蚀纹，是岩石中的铁被氧化，释放氧化铁后，又渗透进岩石的缝隙，形成了这些毕加索画作似的图案。

红排角 2013.09.06

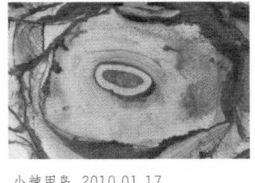

小辣甲岛 2010.01.17

种是浪花跌落地面所造成的压力，这样的拍击力量可以达到每平方米 25 吨以上；第二种是海浪扑向岩石，压迫岩石缝隙中的空气而产生的力量，就像空气枪压缩空气，这力量可以迫使细微的裂缝逐渐变宽；第三种是海浪带动石块、沙粒，在岸边来回滚动，这种摩擦的力量打磨出海边圆滑的卵石和砂砾。

与此同时，没有停息的火山活动和地壳运动继续将岩层像面团一样挤压拉扯，岩石变形、弯曲、断裂、移位。自然界巨大的力量犹如现代艺术家手里的画笔，将规律的熔岩流纹理打乱，再次涂抹，在海岸边画出了色彩斑斓的现代油画。

位于中国南海边的深圳大鹏半岛，被《中国国家地理》杂志评为中国最美的八大海岸线之一——它动人心魄的美，除去碧海蓝天，还有千姿百态的岩石。大鹏半岛国家地质公园和博物馆已于 2013 年对外开放，大家可以去欣赏大自然用时间雕塑出来的作品。

红排角 2005.04.28

谁修建了礁石上的"莫高窟"？

1940年，美国加州翻新1920年用钢筋梁柱和水泥修建的一条防波堤，当钢筋梁柱从海中拿出来时，竟然发现一厘米厚的钢板布满了密密麻麻像蜂窝一样的小洞。这是北美洲紫海胆的力作。像北美洲紫海胆一样，一些海岸生物喜欢钻洞，以躲避海浪、猎食者、阳光。它们用顽强的毅力，挖掘、削刮甚至用化学物质溶解的方法，在礁石上钻出一个安全的窝。

彩绘一般的褶曲岩脉

喜洲岛 2011.03.06

海蚀洞 鬼仔角

海浪和潮汐长年累月的侵蚀，在海崖底部掏出了巨大的洞穴，被称为海蚀穴。深港两地都流传着海盗张保仔的藏宝故事，巨大而神秘的海蚀洞是最可能的藏宝之处。事实上，阴暗潮湿的洞穴里，除去岩壁上密密麻麻的螺壳之外几乎别无他物。

廖哥角 2012.02.12

海浪带动大小石块、沙粒打磨出海边圆滑的卵石。

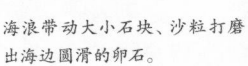

大辣甲岛 2009.08.16

没有人知道这棵树有多老，它已经成了像煤一样的化石。

红排角的礁石为什么这样红?

从坝光到长湾的海岸线,称为红排角。名副其实,沿途的礁石和绝壁都像被颜料浸泡过似的,呈现出深深浅浅的红色。这是因为砾岩和砂岩中含丰富的铁,含铁物质氧化后便成为红色。

红排角 2005.10.23
与碧蓝的海水形成强烈对比的红色岩石。

红排角 2005.10.23
红色岩石上的象形文。

红排角 2009.12.13
红色岩石上的神秘图案。

土地庙 2011.03.13
时光就是这样,一点一点,让石头裂开,草木生长,开满鲜花。

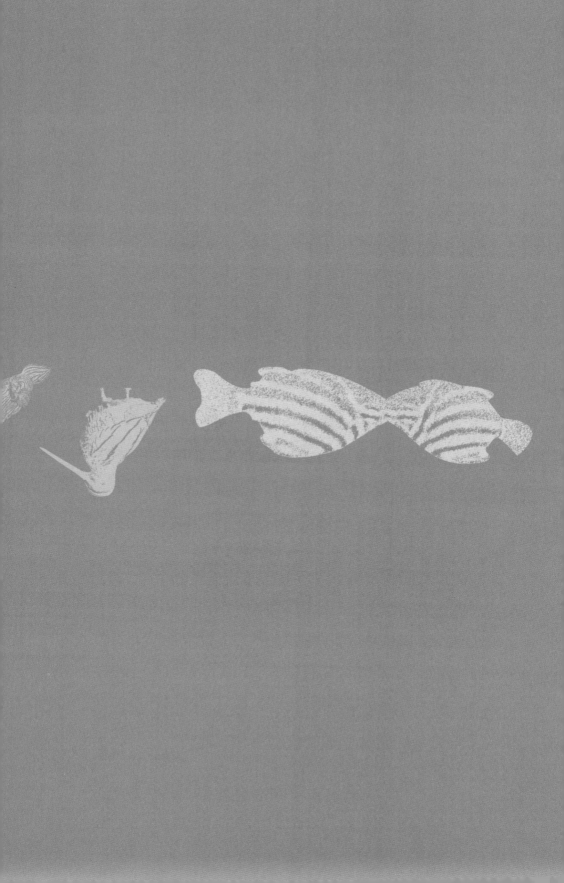

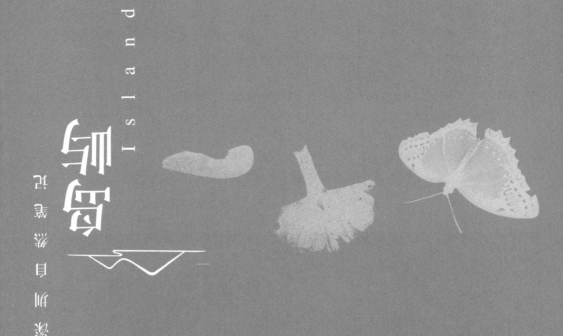

我们的进步还在于拒绝破坏什么

I s l a n d

从空中俯瞰内伶仃岛，像一块翠绿的宝石　　2010.05.25

  744年前的1278年，南宋名将文天祥在海丰兵败被俘，拒不投降，在押往京城的途中，写下千古绝唱："惶恐滩头说惶恐，伶仃洋里叹伶仃；人生自古谁无死，留取丹心照汗青！"伶仃岛因此名入青史。

  清朝道光年间，内伶仃岛和附近的海域成为英国鸦片商的走私基地，通常走私的办法是：先将鸦片从印度等地运来，卸到停泊在内伶仃岛附近的趸（dǔn）船上，再由本地烟贩交钱提货，用叫作"快蟹"的小船偷运到珠江三角洲各地出售。

  72年前的1950年4月18日，解放军四野130师第390团的30门榴弹炮从蛇口赤湾向内伶仃岛发射，同时，200多艘商船、渔船组成的"混合舰队"在南湾抢滩登陆，这是共产党军队和国民党军队在深圳土地上的最后一战，16位从东北一路打到深圳、平均年龄不到30岁的解放军官兵和100多位国民党官兵在最后一战中丧生。

  1984年，当深圳还是一个不到100万人口的小城市时，内伶仃岛就被划为自然保护区，1988年晋升为国家级自然保护区。

  内伶仃岛是深圳管辖的面积最大的海岛，近20年与珠海归属权的争议使得各方政府都没有太多的投入和开发，反而让内伶仃岛成为深圳管辖的39个岛屿中原始风貌和生态保护最好的一个。

  行政管辖权正式回归深圳后，对内伶仃岛的规划和开发已经开始。但愿决策者能听进去环境学者索希尔的一句话："最终，决定我们社会的将不仅仅在于我们创造了什么，还在于我们拒绝去破坏什么。"

2011.12.22

废弃军营前的老榕树，覆盖了半个足球场的面积。

2011.12.22

岛上深不可测的军事坑道。

位于珠江口、扼南海之门户的内伶仃岛，自古以来就是海防要地。

2013.01.14

茂密的丛林，多样的树种，少被人侵扰的环境，让内伶仃岛成了野生动物的天堂。

2010.05.25

航拍镜头下的内伶仃岛一角。

2011.12.22

空无一人的沙滩。

2011.12.22

废弃老屋墙壁上红色年代的领袖语录依稀可见："我们的同志在困难的时候，要看到成绩，要看到光明，要提高我们的勇气。"

它有一个科幻故事的未来

电影《侏罗纪公园》里，哈蒙德博士利用努布拉岛独立的生态环境培育恐龙，让整个岛成了恐龙的乐园。每次上内伶仃岛，看到那些基本没有被人类打扰，在一个相对封闭的自然环境里悠游自在的野生动物，就想，假如内伶仃岛上有一个富有想象力的科学家，有一个实验室，说不定会演绎出一段传奇。

位于珠江入海口的内伶仃岛面积可以伸缩，涨潮时最小的面积4.8平方千米，退潮时整个岛的面积能达到5.4平方千米。三角形的岛屿上布满南亚热带常绿阔叶林，森林覆盖率超过78%，岛上生活着国家二级保护动物猕猴1000多只，鸟类超过100种，其中有国家二级保护鸟类16种，两栖动物10种，昆虫更是不计其数，单蝴蝶就有100多种。

与侏罗纪公园不同的是，内伶仃岛是一个大陆型的岛屿，诞生于250万—300万年以前的第四纪时期。在人口密度很高的深圳，能有这样一个人迹稀少、相对封闭的生态境地，是上苍赐给深圳的一件礼物，真的要好好珍惜，为未来的深圳、给我们的后代留下一个演绎传奇的可能。

红隼（sǔn）

红隼，国家二级保护动物。

在内伶仃岛上空，常年有鹰隼在空中盘旋翱翔，优雅淡定。如果幸运，遇到它们俯冲到海岸边捕食，你可以近距离看到它们刚劲的羽毛和冷峻的眼神。

在内伶仃岛上，隼形目的鸟处于食物链的顶端，只要它们在上空盘旋，就证明岛上有着勃勃的生机。

虎纹蛙

内伶仃岛上国家二级保护动物虎纹蛙，有"亚洲之蛙"之称，最重的能达到一斤。尖尖的头可以像舰艇一样破水前进，减少水里的阻力。

虎纹蛙的舌尖分叉，捕食时黏滑的舌头迅速翻转，射出口外，长而柔软的舌头将昆虫包住，卷入口中。一般蛙类的眼睛只能看到运动的物体，只能捕食活动的食物，虎纹蛙不仅能捕食活动的食物，还可以发现和摄取静止的食物，如死鱼、死螺等有泥腥味的水生生物的尸体。

红锯蛱蝶　2011.12.22

内伶仃岛上的红锯蛱蝶。

这种蝶翅膀上的图纹酷似玛丽莲·梦露的嘴形，前翅像梦露美丽的肩形，故人们称它"梦露蝶"。

国家二级保护动物三线闭壳龟，
又称金钱龟。这个被人当作滋补、
观赏、药用佳品的可怜动物，在
深圳陆地上早已绝迹。但愿野生
三线闭壳龟能在内伶仃岛上这个
相对封闭、人迹稀少的生态环境
里生存繁衍下去。

研究发现，国家一级保护动物蟒蛇是岛上的清道夫，岛上猕猴群中死猴的尸体，
都是蟒蛇解决掉的。

内伶仃岛上的猕猴是国家二级保护动物，也是深圳除人之外最大族群的灵长动物，相比国内其他的猕猴群来说，内伶仃
岛上的1000多只猕猴可谓生活在"天堂"——无人猎杀，除去蟒蛇，基本没有天敌，森林茂密，食物丰富，岛上70%的
植物都是它们的食物源，海拔300多米的山岭到处都是石崖、峭壁、石台，可栖身玩耍。内伶仃岛真正是一个"猴子称大王"
的岛。

深圳的母系社会

I s l a n d

2008.09.07

内伶仃岛保护站里，走失的幼猴和鸽子相依相偎，这是打动了无数网民的一幕。猕猴和其他动物一起组成内伶仃森林生态系完整的生态系统。例如，猴子在树上移动时常常惊动蛰伏在树叶下的昆虫和小动物，有利于鸟类发现食物，所以有鸟类跟着猴群移动，又叫"拾麦穗行为"。

距蛇口 9 千米的内伶仃岛是深圳最大的岛屿，岛上生活着超过 1000 只野生猕猴，它们是深圳境内除人类之外唯一的灵长类动物，也是动物界里高智商的母系多夫多妻型社会。

作为群居动物，内伶仃岛上的猕猴有 20 多个部落，一般来说，猕猴群中男少女多，群中年幼的雄性会在性成熟前离开出生群——这是为了避免近亲繁殖；而雌性则始终留在群中，成长、生子、育儿，最后终老一生。以母女关系和姐妹关系为基础的群落构成了猕猴的母系社会。

内伶仃岛上的母系社会有着严格的等级关系，子随母贵，高地位母猴的子女一般地位也高，连地位较低的成年公猴都敢呵斥欺负。有意思的是，对同母姐妹而言，妹妹总是比姐姐的地位高，这与父亲是谁毫无关系，因为多夫制母系社会里，猕猴的父子（女）关系并不清晰。

虽然是母系社会，在内伶仃岛上的猕猴群里，雄性猴王依然存在。那些离开出生猴群的青少年雄性经过一段自然淘汰的独立生活后，成长为身强力壮并且性情凶猛的成年公猴，它们是各个猴群新猴王的竞争者。每年 11 月左右，猕猴进入发情期，成年公猴们不再臣服于老猴王，围绕着各个猴群发生一段时间激烈的混战，胜者成为新一任的猴王。

这种周期性的竞争使得猴王会定期更换或被外来公猴替代，不管如何"城头变幻大王旗"，固守的母猴始终是主心骨，是一个猴群母系社会稳定的标识。女儿和母亲永远在一起，世袭了母亲的地位和领地，高等级雌性才是无冕之王。

2011.12.22

穿越林间的猕猴。

猕猴善于攀援跳跃，会游泳和模仿人的动作，有喜怒哀乐的表情、有组织的群体生活，是深圳这片小小的土地上与人类最接近的伙伴。

2009.09.30

作为群居动物，内伶仃岛上的猕猴从十几只一群到70多只一群不等。每个猴群在岛上都有固定的活动范围，尽管存在重叠的部分，但两个群在同一个地点和平共处的情况极为罕见，只要大群出现，小群便会自动或偶尔被动地转移到其他区域活动，用妥协换来和平。

2011.12.22

内伶仃岛上的母猴"红脸"和群中等级第三的公猴"歪鼻"在一起。

母猴喜欢怎样的公猴？有人形象地将母猴称为猴王的嫔妃，而群内其他的成年公猴则是保镖。三者的关系非常有趣，尤其是在繁殖季节。内伶仃岛猕猴是季节性繁殖的，每年11月到次年2月交配，5月到8月产仔。虽然猴王占据主要的交配权，但母猴们并不满足于此。母猴倾向于和更多的公猴交配，以获得更多样的基因。所以我们时常可以看到，一只发情的红脸的母猴跟着一只成年公猴游走，而猴王就在其身后紧紧跟随着。母猴想尽一切办法甩开猴王，寻找和其他成年公猴交配的机会。而其他成年公猴出于对猴王的臣服，当猴王靠近母猴时，立刻躲开。三者你追我赶，斗智斗勇，是一场场有趣的情感戏。

2013.01.27

理毛是猕猴最常见的行为之一，相互理毛的第一个功能是取出皮肤上的寄生虫和毛上的虫卵、皮屑等污垢，维持皮肤和毛发的卫生。相互理毛还具有建立联盟、缓解矛盾、吸引异性等社会性作用。例如，亲缘个体之间经常相互理毛可以加强联盟；争斗过后相互理毛可以促进和解。

2013.01.27

正在摘食小果叶下珠果实的猕猴。

贪吃的小猴的两腮"藏"满了食物。

内伶仃岛上的猕猴算得上衣食无忧了。亚热带气候没有酷寒的天气，岛上有维管植物 600 多种，猕猴能吃的有 200 种，加上鸟蛋、各种昆虫，比如蚯蚓、蚂蚁，食源丰富。

猕猴平日有凹陷的颊囊，用来储存食物。

它们为什么不喜欢年轻女孩？

这是内伶仃岛上一个看起来温馨又让人尴尬的场面。

中山大学的张鹏教授在《猴、猿、人：思考人性的起源》一书中介绍：与人类相反，一般公猴对年轻母猴并不感兴趣，即使少女猴主动靠近邀配，也很少引起公猴们的性趣。公猴们的眼珠总是跟着中老年母猴转，尤其是带子女的母猴出现发情迹象的话，会引起群内公猴们的追捧（如下图）。

为什么公猴更青睐发情的中老年母猴，而冷淡少女猴呢？原来，第一次发情的年轻母猴往往仍处于青春期不孕阶段，即使交配也无法受孕，对公猴来说是费体力而没有结果的。另外，少女猴没有养育子女的经验，其子女出生死亡率是 50% 左右。而中年母猴幼仔的死亡率仅 20% 左右，具有较好的产子育子能力，可保证公猴基因的延续，所以是公猴首选的配偶对象。

那为什么同样是灵长类的人会钟情年轻姑娘呢？因为人类的寿命更长，中老年女性可能停止排卵进入更年期，而年轻女性的可繁育时间更长。处女配偶不仅可以提高男性的繁殖成功率，也曾是古代唯一可以确保父子血缘关系的标志。这样人类形成了灵长类中特有的处女情结。

2013.01.27

它们和深圳人有着一样丰富的表情

在深圳，内伶仃岛上的猕猴是唯一长有表情肌的野生动物，也是唯一表情明显多变的野生动物，它和深圳人一样，喜怒哀乐，溢于言表。

警觉：除去巨蟒之外，内伶仃岛上的猕猴基本上没有天敌可以伤害它们，它们的敌意常常是对着其他猴群而发。

友善：正在招呼同伴的猕猴。它们是典型的相互关照、相互协助的群居动物。

欢愉：交配中的猕猴伴着嘶鸣，看上去有点恐怖。

2.5％的差异让他们与人类分道扬镳

内伶仃岛上的野生猕猴是深圳境内除人类之外唯一的灵长类动物。

我们人类是最进化的灵长类动物，猕猴的基因与人类的基因相似度为97.5%，如果说黑猩猩是人类"近亲"的话，猕猴可以算是人类的"远戚"，猕猴和人类的祖先在大约2500万年前"分道扬镳"。3%不到的差异让人、猴进化到了不同的境地，后者成为前者驯养、奴役、买卖、捕杀的对象。猕猴因为生理上与人类接近，更成为医学、生物学、心理学的主要试验物。

中国曾是猕猴的富产国，多年的猎杀让留下来的猕猴已不足80年前的20%，有些地方已彻底绝迹。在深圳这个1700多万人居住的城市里，猕猴的总数没有超过1300只，其中99%集中在内伶仃岛保护区里。

猕猴在我国《国家重点保护野生动物名录》中被列为国家二级保护动物。

其实，它们都是我们的亲人

I　s　l　a　n　d

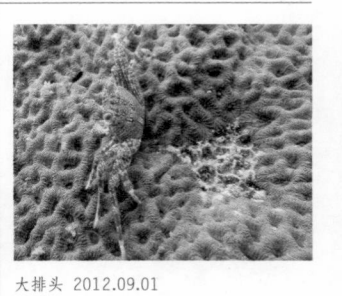

大排头 2012.09.01

纽扣珊瑚上的白纹方蟹。

海鲜池里的螃蟹大都被草绳绑住手脚。在海底，一只自由的蟹可以如此舒展。

盐灶村 2011.12.04

我们在餐桌上见到的虾通体鲜红。当夕阳落在海面，穿透海底，这只自由自在的虾一下子变得通体透明。

99% 的深圳人，对海洋生命的认识源于海鲜池。人们站在海鲜池前，点杀那些待宰的生命，店家最热衷推荐的、价钱卖得最高的、最受食客青睐的，就是那些非养殖的原生海洋生物。没多少人能想到它们在深圳近海里舒展、自由、活灵活现的模样，想到它们和礁石、珊瑚、水草融为一体的生存情景。

为什么我们可以食用另外许多种生物维生？因为生物都是由相同的基本分子构成。地球上每个现存的生物体都起源于同一个祖先——换句话说，地球上的所有物种都是亲戚。一只通体漆黑、全身芒刺、没头没脚的海胆，与人类有 70% 的基因吻合；身长仅有 3 厘米的斑马鱼基因与人类的相似度达到 87%，医院常常用它来做药物实验。

美国国家科学基金会"生命之树"项目统计，有 1 亿多种生物和我们人类一起生存在地球上，从 1 微米长的细菌到几十米长的蓝鲸，每一种生命都是从最原始的状态进化到现在的模样。生命进化的过程持续了 38 亿年，如果人类的寿命按平均 100 岁计算的话，相当于整整进化了 2800 万代人。

生命的成长是多么漫长而艰难，可惜的是，我们并不尊重和爱护这些近亲和远亲，人类是唯一一个对食物无限制拓展的物种，也是世界上唯一不仅仅为了获得食物而猎杀其他动物的物种。全世界每天有 75 个物种灭绝，是人口激增和工业化前的 1000 倍。在深圳近海，40 年里，海洋生物的品种减少了一半，数量更是急剧下降。

大鹏湾 2012.07.03

我们在餐厅常常点泥鳅（měng）汤，但能想到它们在海底游弋的模样吗？

三门岛 2011.05.21

深圳近海漂亮的海胆——刺冠海胆，壳上有刺身似的花纹，身体发着蓝宝石般的幽光。

小甲岛 2011.04.16

小小的斑马鱼基因与人类的相似度达到87%。

大棚下沙 2012.06.16

名字和模样都像植物的海葵，其实是海洋无脊椎动物。

大鹏半岛 2012.02.26

纵条矶海葵圆柱状的身躯靠底部强有力的吸盘牢牢地吸在岩石和珊瑚礁上，以此抵抗住海浪的冲击。

发 现 笔 记

如果没有人类伤害，
它可以活1000岁

　　海葵的名字和模样都让人以为它是植物，它其实是海洋无脊椎动物，只是它的构造非常简单，简单到没有中枢信息处理系统，连最低级的大脑构造也不具备。

　　在海中，寄居蟹怕章鱼，章鱼又怕海葵。所以聪明的寄居蟹就把海葵捞过来，放在自己的螺壳上，从此章鱼见了再也不敢靠近。而海葵骑着寄居蟹大大地增加了移动的速度，扩大了活动的范围，可以捕获更多的食物，是海洋生物互利共生的案例。

　　科学家发现，海葵长寿，寿命可以超过海龟，通常可以活到300多岁。有科学家对大洋底部捕获的3只海葵做了碳十四同位素测定，发现寿命在1500年至2100年之间，连大脑都没有的海葵如此长寿，真是让人惊奇。

家传的绝技让我穿越凶险

对海底生物来说，成长的过程是一条充满凶险而漫长的道路，所有的生命都用尽了自己的智慧和能量活下去，并一代又一代地繁衍，许多海底生物拥有令人敬佩的自我保护本领。

外壳：坚硬的外壳是一种常见的自我保护方式，贝、蟹、虾、海胆、海星都有坚硬的外骨骼，包在柔软肌肉的外面，让捕食者无从下嘴。

藏匿：海底动物最被动的自我保护方法是藏匿，它们躲藏在礁石的缝隙、珊瑚的洞穴、海底的沙石中，有的甚至会躲在其他动物中间，比如许多鱼虾会躲在有毒的海葵中间，寄居蟹会占用贝壳保护自己。

伪装：就像陆地上的昆虫一样，许多海洋生物会用令人目眩神迷的色彩保护和伪装自己，有的用艳丽的图案告诫猎食者"我是有毒的，我的味道并不好"，有的海洋生物真的含有毒素，有的身上并没有毒，只是拉大旗作虎皮，用有毒生物的图案恐吓捕食者。

群居：集团式的聚集群居是海洋生物的又一种求生方式，遇到天敌侵害时，它们用小部分同类的牺牲换来整个族群的生存。

此外还有不同物种的共生、互生，像小丑鱼和奶嘴葵相扶相助，相伴而居，都是海洋生物的求生招数。

任何海洋生物的求生方式都发自本能，在人类的才智面前，这些方法是那样低级和无力，我们排放的污水、我们填埋的土石、我们的电击和炸药、我们使用的细密庞大的渔网，远远超出了它们自我保护的智力和能力。

大鹏下沙 2012.08.18

一只海兔产下的成千上万只卵。

为了延续种群，有的海底生物会一次产下海量的卵，使捕食者难以一下子吃光，从而保证至少有一部分会活下来。

刷洲岛 2011.12.31

这只帽贝用最简单而笨拙的办法，把水草装饰在身上掩护自己。

大鹏湾 2012.09.15

一条石头鱼掩藏得那样天衣无缝，如果它不动弹，我们根本无法发现。保护色不仅仅保护它的安全，也可以掩护它出其不意地捕食。

大鹏湾 2012.09.15

一只海鳝遇到威胁时的凶悍模样。

海鳝平日躲藏在礁石或珊瑚礁的洞穴中，既不出来游荡，也不缩入洞穴的深处，只是在洞口探着头静静地守着，有猎物经过，就出击捕食，有天敌威胁，就缩进洞中。

大鹏湾 2012.08.15

相貌丑陋、色彩诡异的纹腹叉鼻鲀(tún)被称为"世界上最毒的鱼"。如果有人误食了发情期的纹腹叉鼻鲀，两分钟内就可能毙命。

"断一树，杀一兽，不以其时，非孝也"

东渔村 2012.04.14

海边用鱼炮炸鱼的人们。

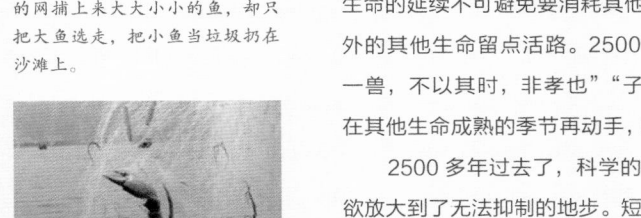

大亚湾 2012.01.01

最不可理解的是，为什么用细密的网捕上来大大小小的鱼，却只把大鱼选走，把小鱼当垃圾扔在沙滩上。

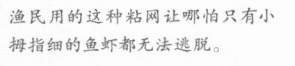

坝光老村 2005.04.28

渔民用的这种粘网让哪怕只有小拇指细的鱼虾都无法逃脱。

在深圳近海，以前常常见到人们炸鱼、电鱼这一类的捕鱼法，不光鱼苗，连珊瑚和其他微小的生命都被灭绝了。

其他"绝户式"捕鱼法还有畚箕网（俗称"迷魂阵"）、陷阱网（俗称"长袖定置网"），尤其是庞大的"帆张网"，用锚固定在海底，依靠装在网口两侧的帆布，利用水流冲击迫使所有鱼虾进入网中。

今天，全球最大的拖网能装下 13 部 747 飞机，它让海底达到一定体积的所有生物都无法幸免。全球 70% 的海产已经被捕猎至将近绝种。因为过度捕猎，大型海鱼的数量已经减少 90%。目前趋势再不改变，2048 年海里大部分鱼将消失。

鱼类在自然的情况下要长到正常大小才开始产卵繁育，过度捕捞迫使鱼类不等长到正常的繁育年龄就提前产卵。一些渔民为了应付这种现象就用网眼更细小的渔网进行捕捞，如此恶性循环，有些鱼种会变得越来越小。

人与动物不能像植物一样通过光合作用获得营养，所有动物生命的延续不可避免要消耗其他生命，但应该有节有度，给人类之外的其他生命留点活路。2500 多年前，孔子就说："断一树，杀一兽，不以其时，非孝也""子钓而不纲、弋不射宿"，劝诫人们在其他生命成熟的季节再动手，只钓鱼不网鱼，不射巢中歇息的鸟。

2500 多年过去了，科学的进步没有拯救人心人性，反而把贪欲放大到了无法抑制的地步。短短 40 年，深圳近海 50% 的野生种群已难觅踪迹，就是证明。

大海送给深圳的珠宝

I s l a n d

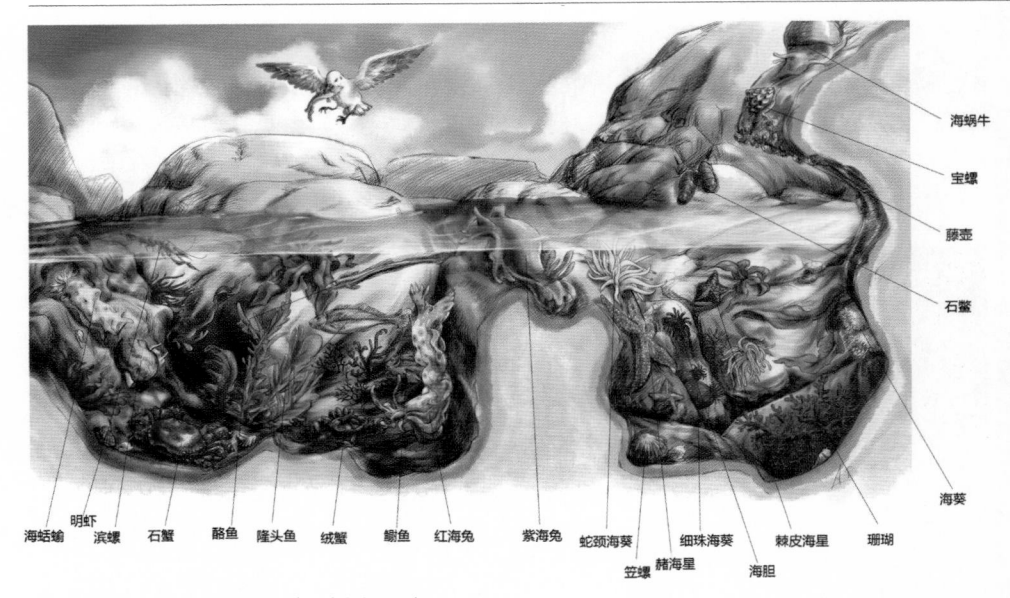

海蜗牛
宝螺
藤壶
石鳖
海葵

海蛞蝓　明虾　石蟹　酪鱼　隆头鱼　绒蟹　鳎鱼　红海兔　　紫海兔　蛇颈海葵　细珠海葵　棘皮海星　珊瑚　海葵
　　　滨螺　　　　　　　　　　　　　　　　　　　　　　　　笠螺　赭海星　海胆

深圳的海岸边，大大小小的潮池养育着丰富的生命。

　　台湾自然学者陈杨文说：当雄伟的高山遇到宽广的大海后，不得不低下头屈服。为了舒缓大海起伏的情绪，大山伸出一片温柔的掌心，这片掌心就是平缓的海岸。为了回报大山，海洋也将海中的珠宝放入这片掌心之中，这珠宝就是潮池。

　　潮池，是海岸上生命最丰富的领地。

　　每天，在深圳礁石嶙峋的海岸上，涨潮的海水如千军万马奔腾而来，携带着海洋中各种访客，来到海岸上的低洼处，数小时后，月球运转偏离，大海如同拔开塞子的浴盆，水位逐渐下降，退走的海水将一些生命留在了岸边的低洼处。在这个生态小世界里，有细微到肉眼几乎看不见的藻类，也有横行的螃蟹；有色彩斑斓的海螺，也有漆黑如墨的海胆；有笨拙移动的小虾，也有一闪而过的海鱼……

　　只是，要看到这样的景象，要坐在海边慢慢地等，等退潮后马上去观察欣赏，因为身手敏捷的渔民会马上扑来，带着各种工具，很快就将池中的生命掠取至尽。

　　深圳的潮池全部集中在东部没有被开发的海岸线和周边的岛屿上，随着填海、开发，大海送给我们的珠宝——潮池——在成片成片地消失。

潮水刚刚退去的潮池
东冲 2012.09.01

细鳞鱼
大辣甲岛 2009.08.16

退潮后，被大海留在潮池里的
细鳞鱼看上去有点孤单。

多彩海牛
大鹏半岛 2012.02.26

潮池中的多彩海牛和蜗牛一
样，用肚子上的肉走路。

小辣甲岛的潮池 2010.01.17

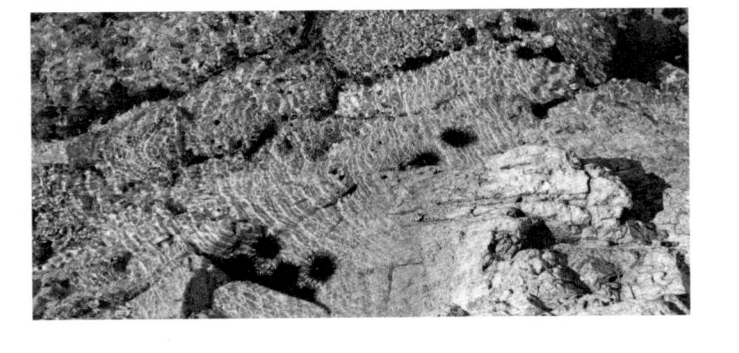

海胆 大亚湾 2012.09.01

大亚湾海边潮池中聚集生长的
海胆。

海胆是群居性动物，在一小片
海区内，一旦有一只海胆把精
子或卵子排到水里，就会像电
波一样把信息传给附近的每一
个海胆，刺激这一带所有性成
熟的海胆都排精或排卵。这种
现象被形容为"生殖传染病"。

海葵　青州岛 2009.08.16

海葵柔软的触手犹如在潮池中绽放的菊花，在水中不停地摇摆，吸引小鱼、小虫、小虾游进来，再将长满倒刺和含有毒素的触手快速收缩，将猎物擒获。

石鳖　喜洲岛 2011.03.06

石鳖是潮池中最常见的海洋生物，背上永远背着 8 块贝壳，眼睛就长在背部的贝壳上。石鳖的头盖在贝壳的下面，眼睛只有长在背部才能接触到光线，这是生物身体构造在进化中逐渐适应环境的一个案例。

玉足海参

鹅公湾 2012.04.03

能长到这样大的野生海参真是幸运，深圳海岸边每天搜捕它们的人实在太多了。靠目测永远无法判断一只海参的真正身长，它可在两倍内自如伸缩。

海蟹的残骸　大辣甲岛 2009.08.16

潮池里的小生命，生存的范围狭窄，犹如困进了牢笼，除去人类的捕捉，还会面临各种危险：如果下了一场大雨，潮池里的海水会被稀释淡化。这些来自大海的生命，必须调节体内的化学反应，才能适应海水咸度的变化。艳阳高照时，酷热的阳光可能在短短的一个小时内，使潮池里的海水变成热水，让生命窒息；太浅的潮池，几乎就是海鸟猎食的盘碟……潮池里的生命，必须坚韧、顽强和善变，才能在诡异多变的环境中存活下来。

同一片大海，不一样的生命

　　香港和深圳一衣带水，山海相连，生态与自然环境几乎完全相同，但因为我们深圳对海水过度的污染，对海岸线的过度开发，相连的海底竟然也出现了"一国两制"的景象，生物品种的多样性大大不同。这是海洋摄影师王炳在香港一侧近海海底拍到的一些美丽生命，它们在深圳近海已难觅踪迹。

管海葵　香港荔枝庄

铺满贝壳的海床上，一只管海葵正在小心翼翼地把它的红色触手慢慢伸出管外，粗粝中带着精致，古朴又极富现代感。

织锦芋螺　香港赤洲岛

不要看织锦芋螺有锦缎般的外壳、红红的樱桃小嘴，惹人喜爱，却是少见的海底毒螺，它可射杀猎物，也能伤害捕食者，可毒人致死。

银汉鱼　香港桥咀洲

在深圳近海，不止一次见到有人在炸鱼、电鱼，即使在禁渔期，也常常见到密密麻麻的渔船像梳头一样一遍又一遍把渔网拉过海面。在深圳的海底，已不可能见到这样成千上万条银汉鱼结集游弋的景象。

帚虫　香港东平洲岛

帚虫是极其罕见的海洋无脊椎动物，1846 年才被发现。它的躯干顶端是一圈触手组成的触手冠，精巧的触手从管内伸出以取食及呼吸，受惊时即缩入壳内。

深圳自然笔记

河流
River

母亲河的四维空间

River

2010.06.09

深圳河

深圳河流域面积312.5平方千米, 其中深圳一侧占60%, 香港一侧占40%。北岸深圳的繁华都市与南岸香港的田园风光形成强烈对比。

小河弯弯向南流, 流到香江去看一看; 东方之珠我的爱人, 你的风采是否浪漫依然?……

罗大佑的经典之作、传唱全球华人世界的《东方之珠》中吟唱的那条小河, 就是深圳河。发源于梧桐山牛尾岭的深圳河不仅是深圳境内最大的河流, 也是流经香港最长的河流, 自东北向西南贯穿深圳, 在香港米埔附近流入深圳湾。

"深圳"一词的意思是指"深深的水沟", 择岸而居, 靠水生活, 深圳河畔是这片土地的先祖最早的落脚处, 它是这个城市的母亲河。

每一条河都是有生命的, 有着四维空间的生态关联: 与支流纵向的关联, 与地下水垂直的关联, 与沿途土壤、植被、动物侧向的关联, 将深圳河命运彻底改变的是第四个关联——时间。

一直到40多年前, 这片土地上的居民与深圳河的相处方式, 和数千年前的先民没有太大区别, 用河水灌溉田地, 在河中洗衣洗菜, 捕鱼捉虾, 撑船运输。

1980年, 是深圳河命运变化的分水岭, 从那一年起, 上千座工厂在沿岸建起, 数千万人涌进这片原来只有30万人居住的土地, 急速成长的城市和蜂拥而来的人们把深圳河当作排污沟, 每年直接排进数十万吨的污水和垃圾。这条曾哺育了深圳的母亲河开始报复深圳, 20世纪80至90年代, 爆发的洪水每年都要将深圳淹没几次。其中最著名的就是1993年的"9·25水灾"——死亡11人, 损失4亿多元。

1995年起, 深港两地开始治理深圳河, 2000年后, 深圳河经过三期河道治理, 泄洪能力提高, 深圳再未发生过大的洪灾。铁网重围里的深圳河曾经污染严重, 经过多年治理, 2020年方达到地表水Ⅳ类标准。

在清澈的深圳河中荡舟, 在鸟语花香、碧波荡漾的深圳河畔漫步, 是无数盼望着这个城市更加美好的深圳人的梦想。

空间里的深圳河

2013.8.20

从太空俯瞰深圳河的入海口。从卫星图上看，深圳河和巴黎的赛纳河、英国的泰晤士河宽度、流向基本相同，身临其境却大相径庭。

2012.06.12

深圳河上游的莲塘段，是一条挽起裤脚就可以跨过的小河。小桥连接着深港两地的过境耕作口。

2012.06.08

深圳河里的新老地标——地王大厦和京基100。

2012.06.08

横跨深港两地的皇岗口岸大桥。

2012.06.08

"百川异源，皆归于海"，从梧桐山出发，穿城而过的深圳河在香港米埔附近汇入大海。

时间里的深圳河

1976年7月，宝安县民兵在人民桥河段列队水上游行，纪念毛主席畅游长江10周年。图中河段是现在的深南路人民桥至嘉宾路水闸，河右岸的村庄为蔡屋围。

1989年8月，深南路。深圳河泛滥，民工用木板抬着一位正在打"大哥大"的老板过深南路。

1993年9月，被洪水淹没的嘉宾路。

1992年，深圳河两个最大的回弯。

1995年前导致深圳河泄洪不畅的两个最大的"回肠"处，现已裁弯取直。

1995年5月，深港两地政府签署全面治理深圳河的第一期工程合同，治理工程立竿见影，2000年后，深圳河再未发生过大的洪灾。

生命里的深圳河

1980 年深圳成为经济特区时，国际上东西方冷战还没有结束，从沙头角中英街到深圳河入海口延绵 20 多千米的边防线已封闭了近 30 年。

多年戒备森严的隔绝和封闭，导致深圳河两岸人迹罕至，除去铁丝网和岗楼外没有任何建筑，方圆数十千米的河套地带草木疯长，生机勃勃，无意中让一些在都市里无法落脚、被人类捕杀的动物，在这里找到了栖息地和避难所。造就了一个野生物的天然乐园。这里观察到的鸟类超过 40 种、蝴蝶超过 30 种，脸盆大的巴西龟、半米多长的鲶鱼、一点也不怕人的蜥蜴、碗口粗的蟒蛇，在深港两地的铁丝网中间出没。

紧贴着深圳河北岸，已是一座急速生长起来的大都市，一片乡野风光的香港南岸，最后的禁区也已经开放。没有人能预测到这片生态乐园将来的命运。

深圳河 2012.06.08

边界线铁丝网上趾高气扬的变色树蜥，同伴们常常把它误称为变色龙。

深圳河 2012.06.08

在两岸层层的铁丝网后，一年四季都可以见到飞翔的白鹭。

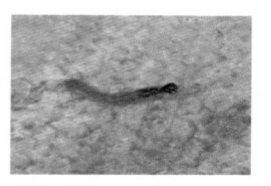

深圳河 2012.06.08

上游清澈的河水里悠然游弋的鲶鱼，近半米长。

深圳河莲塘段，面盆大小的巴西龟比比皆是

深圳河 2012.06.08

留心一条小溪的剧情

长岭陂溪谷 2008.3.12

一条小河的源头。

所有河流的故事都是从点点滴滴中开始。

老虎洞 2010.07.25

沿溪而上，是深圳户外爱好者喜爱的运动之一。

深圳的山岭里，有数百条溪谷，几乎每一道山谷都有一条小溪，每一条小溪都有生命，有生命的小溪一定有故事。

无论走多远，一条小溪一定有一个出发地，出发地有可能是一个汩汩冒出的泉眼，泉眼里涌出的水甘甜、清凉。如果时间和体力允许，一定要找到这个故事的开端。

试着尝一尝泉眼里的水，留心它和家中水龙头流出来的水味道上有什么区别；留心溪边生长着什么样的植物，盛开着什么颜色的野花；留心阳光穿过茂密的枝叶，在水面上投下斑斑光影，它不仅把水面装点得生动美丽，还是溪水中生命光合作用的来源；留心溪水中的生物为什么不会像落在水中的树叶一样随波逐流；留心小鱼小虾们的流线型身体，留心石蛾、蜻蜓和豆娘在溪水边的羽化过程；轻轻翻开一块石头，数数有多少种生命躲藏在其中……

留心这条小溪的胖瘦，什么季节水最多，什么季节水最少；即使在干涸了的季节，留心小溪旁被冲下来的巨石，它告诉你在暴雨时溪水会爆发出多大的力量；留心一条小溪如何在峭壁前变成瀑布，瀑布落下溅起的水雾中，什么时候会有若隐若现的彩虹；留心小溪的终点——这个故事的结局，它如何汇入一条河，如何直接流入大海，一条溪水出发和结束旅程时水质的差异；一路上，人们向它排出了多少污秽，扔进去些什么样的垃圾……

留心一条小溪的故事，它的剧情蕴含在每一滴水中，让人着迷。

梅林后山溪谷里张牙舞爪的溪蟹

叠翠谷溪水旁的茅膏菜

叠翠谷 2013.01.27

别看茅膏菜长得精致迷人，却是深圳少有的食虫植物，叶片上晶莹剔透的不是露珠，而是茅膏菜分泌的黏液，能像粘纸一样把昆虫粘住，并消化吸收。

深圳水库 2011.11.27

重点保护的深圳水库生成了生态良好的湖泊湿地。

东冲 2011.04.24

广东老作家陈残云说过一句话：深圳是"咸淡水交界的地方"。西冲、溪涌、东冲、蔡涌……"冲"和"涌"就是指河海交接处，也是一条河故事结束的地点。涨潮时，海水涌入，会使河水逆转，形成一片水湾；退潮后，水湾会出现大片滩涂，形成生态丰富多样的湿地。

马峦山 2010.09.18

在深圳，马峦山里分布着数量最多、水质最好的溪流。

发 现 笔 记

舒缓欲望才能养好深圳的"肾"

　　湿地，被称为"地球之肾"，深圳的海岸湿地、河流湿地和湖泊湿地是"深圳之肾"。

　　森林、海洋和湿地是地球上的三大生态系统。湿地仅占地表面积的 6%，却为地球上 20% 的物种提供了栖息地，是生命形式最多样的地方。湿地同时还能调节气候、净化水质和降解污染。

　　深圳湿地在 1988—2007 年间减少了 35.7%，深圳湾湿地面积减少了 50%；2009 年不到半年的时间，海上田园国家湿地公园被填埋了 3000 平方米，突击填埋是为了获得更多的政府赔偿款。

　　填海、造地、盖楼、污染是深圳湿地消失的主要原因。一个人亢奋的欲望要有一个健康的肾支持，而维护好一个城市的"肾"，反而是要舒缓一下我们对大自然上下其手的欲望。

发 现 笔 记

深圳水秘密

　　你知道吗，深圳竟然有大大小小的河流 310 条。

　　深圳境内最大的 5 条河流是深圳河、茅洲河、观澜河、龙岗河、坪山河。曾经污染严重，五大河流的水质都不能达到地表水 V 类标准。经过水污染治理，2020 年五大河流已全面达标。

　　深圳 70% 以上的饮用水源需从市外引入，按人口计算，深圳人均水资源拥有量不足 160 立方米，仅为全国平均水平的十二分之一，是全国七大严重缺水城市之一。

　　就是在这样一个缺水的城市，却曾遍地都是桑拿和洗浴中心。

　　每年，深圳要排放 7 亿吨以上的废水，其中工业废水排放量超过 1 亿吨，生活污水排放量超过 6 亿吨，污水如今已全部经过处理再直接或间接排入河流。

　　广东省环保厅公布的 2020 年环境质量公报称：全广东国考已无河段水质属重度污染，主要污染指标为粪大肠菌群、氨氮、总磷和部分耗氧有机物。曾经的深圳是广东水污染最严重的城市之一，龙岗河、坪山河和深圳河曾污染严重，现均已达标。

　　深圳境内没有大江大河，本地水资源短缺，全市 90% 以上用水依赖东江引入，严重缺水，节约用水刻不容缓。

它们让水泥森林有了体温

R i v e r

　　直到今天，在深圳观察到的野生鸟类有 300 种以上，是全国鸟类总数的三分之一。幸运的深圳人在任何一个绿化稍好的住宅区，都能见到 10 种以上的鸟。尽管大部分鸟类都选择安全宁静的山岭、湖畔、海岸边落脚，仍然有一些鸟儿愿意与人相伴，选择在车水马龙、高楼林立的都市里落脚安家，它们在灯红酒绿的水泥森林里穿行，它们在高高低低的噪音中鸣叫，它们为这个城市带来了灵性的温暖。

　　地上行走的人与天空中飞翔的鸟有多远的距离？大约 2 亿年前，鸟类与猿类的进化开始分道扬镳，鸟类的大脑是丛状的，没有进化成为人类那种层层叠叠的大脑皮质。聪明的人类认为鸟儿比核桃还小的脑子不可能有复杂思维和高端智慧。事实上，一只乌鸦会藏好今天的果实作为明天的早餐；雄性椋鸟求偶的鸣叫花样翻新，声调越复杂多变，越受雌鸟青睐，因为雌鸟也是以雄鸟创新的"智力"为择偶标准。

　　如果把深南路上的一只喜鹊与黑猩猩放在一起，就会发现它们的大脑与身体比例相当。在生命之树上，人类和鸟儿的智力只是在不同的枝干上长出了不同的形状。今天人类统治地球只是一次进化的偶然。想象一下，如果进化的过程有什么闪失，我们完全有可能生活在一个由鸟儿统治的星球里，而人类或许只是被鸟类主人关在笼子里的宠物。

　　所以，请敬重一切生命，敬重鸟儿，尤其是那些愿意在城中与你同甘共苦的鸟儿，那些在窗外把你叫醒、在上下班的途中与你相伴、在高楼的缝隙里搭窝、愿意和你一起呼吸浑浊的空气、和你一起忍受各种嘈杂的鸟儿。

白鹡鸰（jī líng）

笔架山公园 2005.10.30

白鹡鸰是深圳公园里最常见的灵巧小鸟，觅食时在地上行走，飞行时呈波浪式前进，停息时尾部上下摆动。它们常常落在你前面的地面上，尾部不停上下摆动，炫耀它掠食小虫的技巧。

暗绿绣眼鸟　莲花山公园 2012.03.18

暗绿绣眼鸟又叫作相思仔、绣眼儿、粉眼儿，是深圳最常见鸟种之一。它们身材娇小，全身的长度大致只有 10 厘米，在路旁的树上和灌木中灵巧地窜来窜去。可惜的是，正因为暗绿绣眼鸟模样伶俐乖巧，鸣叫悦耳，常常被人捕捉成为笼养鸟。

红耳鹎　葵涌 2010.04.25

红耳鹎是深圳最常见的留鸟，它最醒目的特征是头顶上那一蓬耸立的羽冠和眼睛后下方那一抹红色的羽簇。红耳鹎喜欢热闹群居，成群结队地聚集在小区的树上，羽色艳丽，性情活泼，喜欢在高枝上鸣叫，发出"布比—布比—"或"威—踢—哇"的叫声。

翠鸟　洪湖公园 2013.01.23

翠鸟因背和面部的羽毛翠蓝发亮而得名。在市区的水库、湖边和水质好一些的河流边，可以看到翠鸟像流星般迅捷掠过水面捕食的情景。

家燕 沙头角 2011.05.23

高楼屋檐下5只嗷嗷待哺的家燕。

为了填满这群孩子的肚子，家燕父母觅食的范围涵盖了海陆空。适者生存，长期和人类共生共存的鸟儿也在飞速的都市化进程中，摸索出了一套自己的觅食方式。

八哥 银湖公园 2006.09.16

八哥是深圳常见的鸟，因为通体漆黑，常常被人误认为乌鸦，事实上它的身长在25厘米左右，只有乌鸦一半大。注意图中那只飞翔的八哥，两翅中央有明显的白斑，从下方仰视，两块白斑呈"八"字形，这也是八哥名称的来源。

八哥不仅能模仿人说话，还能模仿其他鸟儿的鸣叫，算得上鸟类中的顽童，也正因其乖巧伶俐，常常成为人们关在笼中的玩物。

喜鹊 深南大道 2005.05.04

在深圳，喜鹊应该是最适应城市的鸟类。曾无数次在深南大道中间的草坪上看到喜鹊怡然自得地在草丛和灌木中寻食。汹涌而过的车流、轰鸣的发动机和喇叭、一根根排放着废气的尾气管，对它们似乎都没有影响。生命就是这样，在环境这个过滤器中，要随着环境的变化不断进化，能适应，就能活下来，就能传宗接代，繁衍下去，不进化，不适应，就灭亡，就绝种，没有任何其他选择。

排牙山里僻静处鸟儿私藏的果实

径心水库 2012.01.21

排牙山里僻静处鸟儿私藏的果实，是鸟儿智力的证明。

城市环境的测试师

一年四季，在深圳的海湾、河流、水库和公园里，都可以见到羽毛各异、品种不同的鹭鸟。鹭鸟是湿地生态系统中的重要生物种类之一，也是环境质量评价的一类指示动物。春夏季节，红树林常见的大白鹭和小白鹭长出了繁殖羽，煞是好看。

鹭鸟家族共同的特征是"三长"：嘴长、腿长、脖子长。其实它们展开的翅膀也特别长，细细观察一只鹭鸟起飞降落时翅膀的扑闪，优雅的姿态，会让人心醉神迷。

除夜鹭和苍鹭之外，性情温和的鹭鸟都喜欢群居。在红树林保护区，常常看到数百只鹭鸟聚集在一起，一起轻盈地掠过海面，一起优雅地在淤泥中踱步，一起气定神闲地伫立在红树的枝丫和礁石上，为这个嘈杂喧闹的城市带来一丝空灵。

大亚湾 2012.01.01

早起的鸟儿有食吃，这是与我们一起在海边迎接日出的鹭鸟。

红树林保护区 2004.03.28

留辫子的小白鹭：繁殖期的小白鹭会在头顶长出两条辫子，悬垂于后颈，妖娆妩媚。

红树林保护区 2005.02.26

披蓑衣的大白鹭：海岸繁殖期的大白鹭，肩上和背部生着三组又长又直的羽毛，一直延伸到尾端，像披着一身蓑衣。

坝光老村 2005.02.26

牛背鹭是目前世界上唯一不以鱼而以昆虫为主食的鹭类，常跟随在家畜后捕食被家畜从水草中惊飞的昆虫，也常在牛背上落脚歇息，因而得名。

麻雀，尊严和自由

麻雀 莲花北 2008.05.24

麻雀是世界上和人类关系最密切的鸟儿，在深圳，有可能是唯一一种数量超过人口总数的鸟儿。只是，与人类关系最密切的麻雀却不能当作宠物鸟，任何被抓进笼子的麻雀最后都会绝食而死。

这样的诗句让我心领神会
"一出门，就能看到亲戚和麻雀"

没有深切的乡村体验
就不知道卑微的麻雀多有尊严

有谁见过：
笼中的麻雀

只有踢翻的米盅
和一具横倒的尸体

抓过雏雀的手
会终生出汗，拿不稳刀剑

它离人类最近了
但永远是邻邦，绝非家奴

饱经沧桑的人知道
他们是自由的精灵

没有道义可以审判不羁的灵魂
甚至良知也对不住自由的追求

——侯马

请问问生态，愿不愿意让我们"文明"

R i v e r

黑耳鸢（yuān） 七娘山 2011.11.05

多年的封山，使七娘山的海陆空都出现丰富的生命。抬头仰望，天空中常年有黑耳鸢盘旋。留心观察它的飞行方式：两翅平伸，完全利用上升的热气流升高，散开的尾羽像舵一样摆动和变换形状，调节飞行的方向，在蓝天白云的映衬下，它们盘旋翱翔的身影格外优雅。

黑耳鸢是深圳不多见的国家二级保护野生动物。

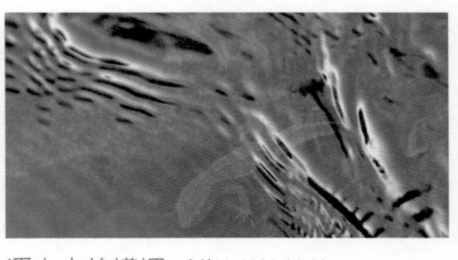

溪水中的蝾螈 马料河 2011.10.22

七娘山未被人直接干扰的溪水，清澈甘甜，生长着蝾螈、小鱼和小虾，因为从未经历过人们的捕捉，把手伸进溪水里，它们有时会游到你的掌心。

相信，在今后很长一段时间，"生态文明"将是一个使用频率特别高的词。我们要警惕的是，在对自然环境的各种谋划和欲望下，这个词可能会沦为一面永远正确的大旗，一张掩盖欲望和利益的虎皮，一套涂脂抹粉的化妆品……

我们用怎样的方式来"文明"生态? 要不要问问，生态愿意不愿意让我们来文明。

19 年前的 2003 年，深圳在无意间做了一件对生态影响深远的决定：在大鹏半岛的七娘山实行封山管理，设关卡 30 多处，24 小时不间断巡防，严禁人员出入。

封山的直接原因是为了避免登山者频发的山难。一个意想不到的收获是，严格的"封山令"下，抢建开发、毁林种果、垃圾污染基本杜绝，七娘山成为深圳最少遭人折腾的山岭，在历经创伤后，大自然为我们演示了自我康复的强大能量。

在得到许可后多次进入七娘山拍摄，看到豹猫归来，野猪游荡，通体碧绿的小蛇赤尾青竹丝挂在枝叶间，羞怯的刺猬躲在灌木中；没有一丝污染的溪水里，蝾螈、溪蟹游弋，甚至遇到了整个中国都已难见踪迹的国家濒危物种花鳗鲡；山岭深处遮天蔽日的森林里，藤蔓缠绕，野蜂筑窝，蚂蚁搭巢，巴掌大的彩蝶飞来飞去，犹如电影《阿凡达》里的场景；在七娘山，第一次见到了健康完整的土沉香树——深圳其他山岭里的土沉香早已被盗伐得支离破碎。大自然依靠自己的力量生成的世界是那样浑然天成、美丽和睦。七娘山是一个活生生的证明，并不是所有的生态一定要被我们"文明"。要相信大自然生生不息、自己能照顾好自己的力量，不要自作多情，按照我们的意愿对大自然上下其手，对生态最好的保护，其实很简单，就是远离。

远离生态，其实是生态文明最好的方式之一。

先锋的城市不应该只有先锋的植物

一片森林的恢复过程

1. 山火、人为挖掘后留下大片裸露的黄土地。
2. 草本植物蕨和茅草开始生长并改善土壤。
3. 野牡丹、金刚藤、车轮梅等灌木会接踵而至。
4. 鹅掌木、山乌桕、大头茶等木本植物开始生长。
5. 喜爱阳光的先锋林开始茂盛，林中日光不足，耐荫的树种开始出现。
6. 真正的森林开始成熟，树种开始高大茂密，因为木本植物遮蔽阳光，抢夺养分，最早的一些先锋植物像蕨和茅草反而会退出。

七娘山封山前，乱掘乱挖留下大片裸露的黄土地，封山后，细细观察大自然自我康复的方式。

寸草不生的土地上最先长出的是蕨和茅草，把地面染绿后，野牡丹、金刚藤、车轮梅等灌木会接踵而至，这些先锋植物挣扎着生存，也改变着土壤，土地开始显现生机。随后，鹅掌木、山乌桕等木本植物开始生长。奇妙的是：因为木本植物高大强势，遮蔽阳光，抢夺养分，最早的一些先锋植物像蕨和茅草反而会退出这片地方。

时间在流逝，老弱病残的先锋植物会慢慢被淘汰，新生的强盛的植物会取而代之，最终，森林会达到平衡状态，只要不发生《2012》那样的灾害，不要有人类侵扰破坏，高大茂密的森林会达到顶端群落，品种和数量会稳定下来，生生不息。

只可惜，在深圳，我们很难见到顶端群落的森林，那是需要几十年甚至上百年的安宁，洁净，不被砍伐、挖掘、污染和侵扰的，急速发展的深圳没有这份耐心。

商业上充满先锋精神的深圳，不应该只能见到先锋植物。

清林径：
用"文明"手段摧残野生动物的案例

清林径曾经是深圳北部最大的水库，近 2000 万立方米的水体和绵延 10 多千米的山岭里生长着丰富的野生动物，与此相伴的是人们捕杀它们的"高技术"手段。经过多年的洗劫，清林径一带的野生动物曾基本灭迹。近年鱼类、野禽和蛇类等已有所恢复。

电鱼 清林径 2009.12.13

技术带来"断子绝孙"式的捕鱼。深圳离市区近一些的溪流和近海里，只要有鱼，几乎都被电鱼人洗劫过。遭到电击后的小鱼会立刻死亡，而大鱼会暂时性晕厥。

小䴙䴘（pì tī） 清林径 2010.03.24

被捕捉在笼网里的小䴙䴘。

䴙䴘是深圳常见的留鸟，它们有高超的泳技。但在电流、鱼炮和精致的捕鸟网下，无处逃生。

鱼炮 清林径 2009.01.07

清林径水库岸边，摆满了渔民用于"炸鱼"的鱼炮。"炸鱼"是灭绝性的捕鱼方式之一。爆炸冲击波范围内，鱼和其他水生动物无一幸免。

挽留住濒危的它们，其实关联着心灵

River

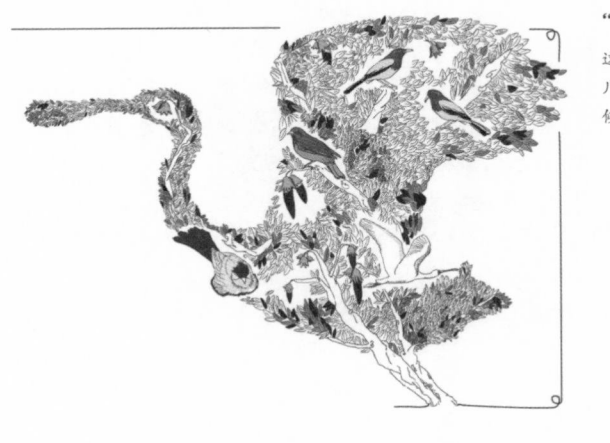

"哦，可不止它一只。"

这张黑脸琵鹭的手绘图里，浓缩了深圳珍稀的鸟儿和它们寄生的湿地环境。每年，超过10万只的候鸟在深圳停歇，其中有23个物种濒临灭绝。

每年夏季，海南海流把温暖而含盐量高的表层海水从中国南海带到深圳；冬季，黑潮海流携带同样温暖的海水，由太平洋经吕宋海峡来到深圳。这期间，季候风还会把台湾海流温和而低盐度的海水也带到深圳。

来自各个方向的温暖海流，让深圳的海域在冬天的温度依然能保持在19℃—23℃，滋养了丰富多变的热带及亚热带物种，近80种珊瑚生活在深圳的近海，数百种鱼类悠游在其间，其中就有国家一级濒危保护动物中华白海豚。这些年中华白海豚在深圳只出现过两次：第一次是在蛇口赤湾港，共有3只在湾内嬉戏；第二次只有1只，搁浅在盐田港避风塘，45天后，这只取名为"梅梅"的中华白海豚在小梅沙海洋世界死亡。

在整个中国，中华白海豚已不足800头，是国宝大熊猫的十分之一。

每年，超过10万只候鸟飞来深圳歇息，其中有23种濒临灭绝。最为深圳人喜爱、熟悉的黑脸琵鹭，2020年，深圳湾观察到的是336只，这一年，全球观察到的黑脸琵鹭也只有5222只。

每天，有数十种濒危哺乳动物、两栖动物和爬行动物出没在深圳的山岭、田野、海洋中，它们不是被关在动物园里供人观赏嬉戏的珍禽异兽，它们拥有自由身，却活得小心翼翼、战战兢兢，面对着数不清的凶险和威胁，随时可能彻底消失。

2021年，每天深圳货物贸易进出口97亿元人民币。无数的商品从深圳卖到世界各地，全中国最多的迁徙人口聚集在这里，全中国最多的富豪也诞生在这里……挽留住一只惊鸿一现的中华白海豚，多一种和少一种濒危的动物，和我们的GDP，和我们赚多少钱，开什么牌子的车，住多大的房子又有多大关联吗？

深圳黑叉尾斗鱼
马志山　2008.07.06

深圳黑叉尾斗鱼是深圳独有的濒危淡水鱼。身上飘着的七八根均匀分开的蓝色尾针，在水急草杂的溪流里似乎不太实用，倒像是古代贵族衣服的装饰，有人把深圳黑叉尾斗鱼称为"隐居的贵族"。

眼镜王蛇 梧桐山 2012.01.01

梧桐山里一只躲在草丛后虎视眈眈的眼镜王蛇。

在大自然里，强悍剧毒的眼镜王蛇天敌并不多，它最大的天敌是人。眼镜王蛇已被列入《中国濒危动物红皮书》。

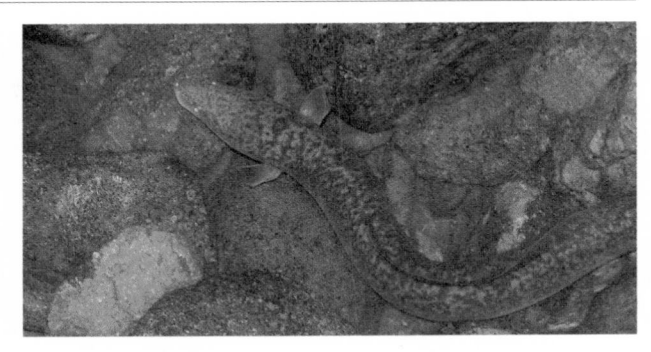

花鳗鲡 七娘山 2012.08.18

一条花鳗鲡要活下来，需要洁净和水量充足的淡水河，河道里没有拦截的堤坝，因为它是深圳极少有的洄游动物，每年要从淡水河游到大海繁殖，再游回河中生长。

因为它体格庞大，长相像鳗鱼，被称为"鳗王"。人们相信它有养颜美容、延缓衰老的功效，是"可吃的化妆品"——在中国，所有被认为有滋补功能的动物都没有好下场，江河湖海中已难见它的踪迹，是国家二级保护野生动物。

在深圳，要找到一条没有被污染、没有河坝、没有人迹的河很难，这条花鳗鲡是在被严格封山10年的七娘山里发现的。

没有。

只是，留住它们，能让深圳人多一个生命的伙伴。所向无敌的我们肯给其他生命留一条活路，能让我们有一点点恩赐的自豪。在占据了它们原生的家园、污染了它们栖息的河海、阻隔了它们飞翔的天空后，能有一点良心的忏悔和救赎。

呵护并留住这些濒危的生命，能让城市多一点温暖和情怀，让人们有一点点仁慈和怜悯，生命的终点，最终其实是心灵。

大壁虎 七娘山 2012.08.01

在深圳，我们能见到这种美丽的国家级濒危动物的地方，大都是在饭店药酒的酒瓶里。因为人们相信它滋阴补肺，尽管一直没有得到临床证明，它却一直是人们捕捉的对象。1967年以前，整个中国捕捉到的大壁虎的数量最高时一年可达40.8万只，1978年以后下降到3.86万只。1998年前后，整个国内的大壁虎已濒临灭绝。

壁虎的脚底有吸盘，且布满细细的刚毛，仅凭一只脚，就能牢牢地固着在树干和岩石上，这一技能是包括人类在内的其他动物都无法望其项背的。壁虎还有一门绝技，遇到强敌或攻击时，能够断尾逃生。这在生物学上叫作"残体自卫"或"自截"。

不管它有怎样高超的御敌逃生本领，在人类面前仍然无能为力。在深圳，大壁虎的数量已极为稀少，只在人为干扰极少的原始山林有少量分布。

守住大自然留给我们的绿色遗产

River

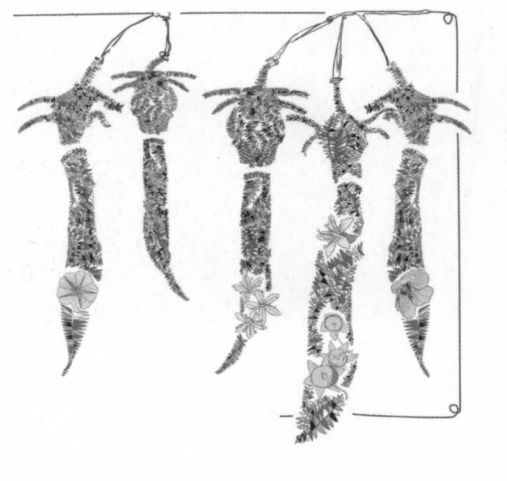

"哦，可不止它一枝。"

深圳沿海的红树植物秋茄像哺乳动物一样用"胎生"的方式繁衍后代——这是它适应特殊环境的新奇特征之一。在深圳生长的2500多种高等植物中，有国家级珍稀濒危保护植物19种，以深圳命名的植物5种。

　　地处南亚热带海洋性季风气候里的深圳，生长着 2500 种以上的野生高等植物，它们不是阳台上的盆花，不是小区里的绿化，不是道路两旁整齐划一布景般的草木，不是从世界各地引进的奇草异木，而是千万年里就生长在深圳的原生植物。在深圳生长的 2500 多种高等植物中，有国家级珍稀濒危保护植物 19 种，以深圳命名的植物 5 种。

　　和所有的生命一样，每一种植物都是经过漫长的进化才生长到今天，从 35 亿年前的单细胞藻类开始，各种植物都在千变万化的环境下拓展生命。物竞天择，适者生存，无法应对环境变化的植物被大自然淘汰，在地球上永远消失了。留下来并在深圳一代接一代繁衍的植物，是生命的机缘。

　　海拔 944 米的梧桐山，是深圳最高的山峰，也是深圳唯一的国家级森林公园，从山脚走到山顶，可以追溯到整个的植物进化过程，可以看到最低等到最高等的植物，如果幸运，还可能会遇到一些命悬一线的濒危品种。

　　山谷里，清澈的溪水潺潺流过，水面上漂浮着一层绿色的丝状植物，这是生长了 4.2 亿年的水藻，它是最简单的水生植物，简单到从来不开花，简单到只要有阳光、水和二氧化碳就可以生长繁衍。

　　在溪水旁湿滑的石头上，生长着苔藓，它们的祖先在 4 亿年前克服了巨大的障碍，进化出最初级的输水系统，让后代即使在干燥的空间里也可以生存蔓延，它也是地球上最早用绿色装点世界的植物。

　　离开溪水，沿坡而上，在岩石上会看到色彩斑斓的地衣，它是两种截然不同的生物真菌和绿藻的结合体，绿藻负责光和作用，真菌负责供应水分和矿物质，它们简单却有效的

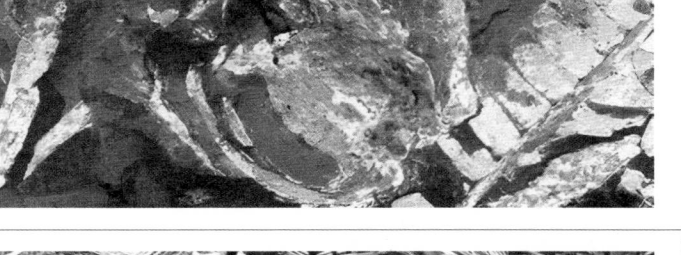

大鹏半岛 2012.03.03

植物化石爱好者段维在大鹏半岛发现的本内苏铁化石，这朵"花"已经盛开了两亿年。

盛开着雌球花的仙湖苏铁　塘朗山 2012.08.04

仙湖苏铁是以深圳命名的珍稀植物之一。

苏铁科植物是世界上最古老的种子植物，曾与恐龙同时称霸地球，被地质学家誉为"植物活化石"，在深圳，分布着迄今发现的世界上最大的野生仙湖苏铁种群。

桫椤
仙湖植物园 2013.09.26

淡定的桫椤一亿年未曾改变，名列中国一类8种保护植物之首。

桫椤最早出现在距今约3亿年前的古生代石炭纪，比恐龙的出现还早1.5亿多年，曾是恐龙的主要食物之一。第四冰川期后，与恐龙和许多古动植物一样曾经遭受毁灭性破坏，是现今仅存的木本蕨类植物，极其珍贵。

桫椤喜生长在山沟的潮湿坡地和溪边的阳光充足处，常数十株地构成群落。它们生殖周期很长，没有完善的根系，很难适应变化较大的生态环境。

1998年，在塘朗山首次发现桫椤46株。遗憾的是，一些无知的市民为了抢种荔枝树获得赔偿，在塘朗山偷伐偷种，大量地砍掉了这些珍贵的植物"活化石"。

配合使地衣成为坚强而色彩多变的植物。

再往山顶走，茂密的灌木下，石缝中间，出现了蕨，它是地球上最早的陆生植物，诞生在4亿年以前。它进化出木质纤维来支撑躯体，抓住地面，向上生长。支撑它向上生长的动力之一，就是争取到更多的阳光。

数亿年对阳光的追寻，让不开花、不结果、仅仅靠孢子囊群延续生命的蕨类植物进化出了高达几米至十几米高的桫椤，深圳的梧桐山和梅林后山，生长着这种与恐龙同龄的国家重点保护濒危植物。优美的叶片犹如张开的手掌，拥抱着阳光。

……

任何一种进化到今天的植物，都是穿越了无数艰难凶险后的胜出者，是大自然留给深圳人的一份绿色遗产。再不要为了盖厂房、建别墅、搞绿化、栽果树而砍掉浑然天成的原生林，不能把大自然当作盆景，任意折腾。

植物无言，我们反省。

结语：不辜负这个城市的美好

S u m m a r y

21世纪奢侈的生活
不再是积累各种物品

21世纪奢侈的生活不再是积累
各种物品，而是表现在能够自
由支配时间，回避他人、塞车
和拥挤上。独处、断绝联系、
拔掉插头、回归现实、体验生
活、重返自我、返璞归真、自
我设计将成为一种奢侈。

——雅克·阿塔利《21世纪词典》

2010年12月19日，冬日的梧桐山，昔日边防军防范偷渡的巡逻道早已废弃，
30年前的采石场留下了岩石裸露的峭壁，荒野无人，茅草枯黄，岁月河山都是
说不尽的故事。

《深圳自然笔记》是第一本记录深圳本土自然生态的图书，也是深圳第一本由本土作者、设计师、出版社、印刷机构一起完成的作品，它充满了对深圳这个城市的热爱。

找来一个地球仪，慢慢旋转，你会发现，深圳位于北回归线以南的北纬22°，在同样的纬度上，是荒凉的撒哈拉沙漠和阿拉伯沙漠。

紧贴着北回归线的深圳，地理上应该属于热带，从理论上讲，受热带高压脊下沉的影响，深圳应该也同样干燥，会是一片荒漠。幸运的是，造物主在这里"划了一个圈"，就像这个城市在行政上是"经济特区"一样，它有自己的"小气候"：深圳夹在广袤的陆地与浩瀚的中国南海以及太平洋之间，不仅有着丰富多变的山海地貌，同时，每年夏季，由南向北的季候风走过漫长的海路，携带着丰盛的水分，登陆时落下大量雨水——深圳的年平均降雨量达到1933.3毫米。雨水充足的滋润让深圳不仅没有成为沙漠，反而成为四季常青、万物茂盛的生态福地。

在中国北上广深四个一线城市里，深圳是唯一一个背山面海的城市，也是唯一一个在一小时车程内就可以到达中国最美海岸线的城市。在这个城市里，生长着600岁的古榕树，飞翔着300多种候鸟和留鸟，有灵长动物猕猴称霸的孤岛，有全球唯一一个位于市中心的国家级自然保护区。四季常青的山野，开放着2000多种野花，碧蓝的大亚湾和大鹏湾，繁衍着80多种珊瑚，整个中国六分之一的蝴蝶品种、十分之一的蜻蜓品种都可以在这个城市里发现。

生命在生长，时间在继续，我们在路上，我们依然在一起，行走，发现，亲近除人类之外的其他生命，关心大自然，呵护家园，不辜负这个城市的美好。

当我享受着四季的友爱时

即使是对于愤世嫉俗的可怜人和最最忧悒的人也一样，只要生活在大自然之间而还有五官的话，便不可能有很阴郁的忧虑……当我享受着四季的友爱时，我相信，什么也不能使生活成为我沉重的负担。

——梭罗《瓦尔登湖》

2011年9月11日，中秋节，在梅沙尖顶露营，看到的满月和市区完全不同。

只有我出生的这块土地才能赋予我最强烈的感情

人们可以做环球旅行，看尽大千世界，却看不见脚下寸土。对我而言，只有我出生的这块土地才能赋予我最强烈的感情。

——安德鲁·怀斯

2009年3月27日，晚春的马峦山，犹如画家笔下的调色板。

旅行带来一种最好的寂寞

旅行带来一种最好的寂寞，因为真正的探险不是肉体的犯难，而是知识的寻求。

——罗柏·D·卡普兰《地中海的冬天》

2009年1月1日凌晨2点20分，穿过红排角隧道，到海边等待新年第一天的日出。

2012 年 7 月 1 日，行走在雨后的西洋尾村。

就让清林径做我们的武器吧

我以前说，城市是一剂必需的毒药，不能不吃，吃下去又会上瘾。人的一生就是个与城市博弈的过程，时时刻刻地想逃离她，却又没法逃离她，不过不怕，总有一天会逃离她，而且谁都逃不过那一天的到来。昨天，清林径在我的脚下；今天，清林径在我的笔下。我和朋友们说了，以后还会去那里，去那里听蝴蝶扇动翅膀的声音，听叶落的声音，听欢笑响彻山谷的声音。我们打不过城市，就让清林径做我们的武器吧。

——青冈《清林径一日》

2011 年 3 月 27 日，在马峦山拍摄野生杜鹃花。

"庄生晓梦迷蝴蝶，望帝春心托杜鹃。" 3 月里，深圳僻静无人的山谷里盛开着红杜鹃，鲜艳的花瓣上留着点点斑痕。你可以相信文学家的故事：当年周朝的君主杜宇国亡身死后魂化为鸟，昼夜啼哭，口中流血，在花瓣上留下了永远的泪迹。也可以相信植物学家的观点：点点斑痕是指示昆虫接近花蕊和蜜腺的 "蜜源标志"，是昆虫的指示灯，让它们在不知不觉间传播花粉。

你愈是深入探究每一个细节和每一项特点，就愈能发现它的美

活泼泼的生命完全无须借助魔法，便能对我们述说至美至真的故事。大自然的真实面貌，比起诗人所能描摹的境界，更要美上千百倍。

因为大自然的真相就已经充满了令人着迷而又使人敬畏的美，你愈是深入探究每一个细节和每一项特点，就愈能发现它的美。

——康拉德·洛伦兹《所罗门王的指环——与虫鱼鸟兽亲密对话》

太阳照常升起，太阳照常落下

世界到底是怎么回事，这我并不在意。我只想弄懂如何在其中生活。

——海明威《太阳照常升起》

2009 年 8 月 16 日，在大峡甲岛露营，同伴划着小艇在附近海面上游荡。10 多年来一起行走过的同伴数不清，有的还在身边，有的不知去向，有的升官发财，有的远走他乡，有的甚至已经离开了人世……太阳照常升起，太阳照常落下，而我们终将老去，终将分别，终将散场。

我暂时步出了生命的洪流

我躺在青青的草原上，懒洋洋地半合着双眼，偷偷地打量着蔚蓝的苍穹。我觉得这是恣情浪费你的感触的最好时刻。你可以细致地领会和风扫过汗毛的感觉，也可以沉醉在一切化为乌有的虚无之中。

这时，我暂时步出了生命的洪流，像一艘偷偷靠岸游玩的小船，让自己与那滚滚的世俗之流完全脱离了关系。

——吉米·哈利《万物有灵且美》

2009 年 12 月 13 日，和同伴一起行走在长湾。如今这里已对公众封闭，盖起豪华的会所。

十八年仍历历在目

即使在经历过十八度春秋的今天，我仍可真切地记起那片草地的风景。连日温馨的霏霏细雨，将夏日的尘埃冲洗无余。片片山坡叠青泻翠，抽穗的芒草在十月金风的吹拂下蜿蜒起伏，逶迤的薄云紧贴着仿佛冻僵的湛蓝的天壁。凝眸远望，直觉双目隐隐作痛。清风抚过草地，微微拂动她满头秀发，旋即向杂木林吹去。树梢上的叶片簌簌低语，狗的吠声由远而近，若有若无，细微得如同从另一世界的入口外传来似的……

记忆这东西总有些不可思议。实际身临其境的时候，几乎未曾意识到那片风景，未曾觉得它有什么撩人情怀之处，更没有想到十八年仍历历在目。

——村上春树《挪威的森林》

2009 年 5 月，和同伴走过红花岭水库大坝。坝上开遍淡蓝色的霍香蓟（ji），多少年过去了，未能忘记那一刻的景色。

望着它的人可以测出
他自己的天性的深浅

我并没有去访问哪个学者，我访问了一棵棵树，访问了在附近一带也是稀有的林木，它们或远远地耸立在牧场的中央，或长在森林、沼泽的深处，或在小山的顶上……

水是这样的透明，25至30英尺下面的水底都可以看到。赤脚踏水时，你看到在水面下许多英尺的地方有成群的鲈鱼和银鱼，连前者横行的花纹也能看得清清楚楚，你觉得这种鱼是不愿沾染红尘，才来这里生存的……

一个湖是风景中最美、最有表情的姿容。它是大地的眼睛；望着它的人可以测出他自己的天性的深浅。

——梭罗《瓦尔登湖》

2006年9月12日，掩藏在马峦山里的湖泊。

一种不可剥夺的权利

对我们这些人来说，能有机会看到大雁比看电视更重要，能有机会看到一朵白头翁花就如同自由谈话的权利一样，是一种不可剥夺的权利。

——奥尔多·利奥波德《沙乡年鉴》

2012年11月18日，南澳的抛狗岭，同行的伙伴们正在观察一对秋后的斑腿蝗。

Appendix

参考书目

书名	作者	出版社
《深圳市地名志》	深圳市地名志编纂委员会，主编蔡培茂	科学普及出版社广州分社
《深圳地貌》	广州地理研究所黄镇国等编	广东科技出版社
《深圳市自然资源与经济开发图集》	广州地理研究所主编	科学出版社
《深圳野生鸟类》	深圳市野生动植物保护管理处、深圳市观鸟协会	四川大学出版社
《深圳特区古树名木》	深圳市人民政府城市管理办公室、深圳市仙湖植物园、深圳市城市管理科学研究所	中国林业出版社
《深圳市七娘山郊野公园植物资源与保护》	深圳市城市管理局、深圳市七娘山郊野公园筹建办公室、深圳市城市管理科学研究所、中国科学院华南植物园、深圳大学生命科学学院	中国林业出版社
《深圳全记录》	深圳全记录编纂委员会	海天出版社
《深圳古代简史》	深圳博物馆编	文物出版社
《深圳近代简史》	深圳博物馆编	文物出版社
《宝安县志》	宝安地方志编撰委员会	广东人民出版社
《30 年·深圳梦 飞深圳》	亚牛	南方报业传媒集团，南方都市报，南方全媒体·奥一网
《目击者百科 生态》	波洛克	（台湾）猫头鹰出版社
《目击者百科 昆虫》	茂德	（台湾）猫头鹰出版社
《植物 Q&A》	郑元春	（台湾）天下文化出版公司
《蛇类大惊奇》	杜铭章	（台湾）远流出版公司

书名	作者	出版社
《两栖特攻队》	施信锋	（台湾）天下文化出版公司
《岩石入门》	陈文山	（台湾）远流出版公司
《野菇图鉴》	周文能、张东柱	（台湾）远流出版公司
《猴、猿、人——思考人性的起源》	张鹏	中山大学出版社
《云图鉴》	田中达也	（台湾）晨星出版社
《植物》	查尔斯·科瓦奇	（台湾）旺旺出版社
《星空观察与四季的星座》	阿斯托罗弗里克	（台湾）汉升书屋
《从空中看地球——大地观察366天》	扬·亚祖-贝彤	（台湾）猫头鹰出版社
《地球降温手册》	扬·亚祖-贝彤	（台湾）行人文化实验室
《香港昆虫图鉴》	饶戈	香港鳞翅目学会有限公司、野外外向有限公司
《郊野情报：蝴蝶篇》	罗益奎、许永亮	（香港）天地图书有限公司
《香港鸟类图鉴》	香港观鸟会有限公司	香港万里机构·万里书店
《香港生态情报》	杜德俊、高力行	郊野公园之友会、（香港）天地图书有限公司
《香港陆上哺乳动物图鉴》	石仲堂	香港渔农自然护理署、郊野公园之友会、（香港）天地图书有限公司
《郊野树踪》	香港渔农自然护理署	郊野公园之友会、（香港）天地图书有限公司

部分图片提供

摄影

王 炳	严 莹	田穗兴	吴健梅	李 成	李国雄
吴健晖	施 静	陈锡昌	霍开天	李长兴	杨 政
脚 度	冯海明	郭现中	雒伟斌	潘宏卫	沈汝铭
黄宝平	丘俊杰	严东明	杨锐正	一 个	周 伟
周 炜	周忠孝	朱明亮	白 羽	黄志华	聆 星
邱银虹	谭俊杰	吴 亮	张 韬	邹碧雄	白 堤
仓 鼠	成 江	丁思辉	风 筝	盖里·格林伯格	高 空
广梅白雪	海上飘	何煌友	花 间	黄海群	霍健斌
精 灵	蓝 天	刘 广	刘立峰	刘硕勤	刘志华
刘斯万	龙卓君	驴行天下	罗瑞明	潘周林	邱 阳
孙兆伟	王 竟	王 真	王子荣	吴 俊	吴 林
吴 岩	小 菩	徐 萌	杨培强	杨延康	曾新财
翟俊文	张 岐	张 涛	周 维	Leroy W. Demery, Jr.	
广东内伶仃福田国家级自然保护区管理局	红树林自然保护区	《香港蜻蜓》			

绘图

柳叶刀	刘斯万	深圳市红树林湿地保护基金会（MCF）			

出 品 人 | 胡洪侠

主　 编 | 郭洪义　刘万专

责任编辑 | 谭祎波

书籍设计 | 韩湛宁 + 亚洲铜设计顾问

图书在版编目（CIP）数据

深圳自然笔记 / 南兆旭著 . -- 深圳 ： 深圳报业
集团出版社， 2013.11（2022.4 重印）

ISBN 978-7-80709-548-4

Ⅰ．①深… Ⅱ．①南… Ⅲ．①自然资源－介绍－深圳
市 Ⅳ．① P966.265.3

中国版本图书馆 CIP 数据核字（2013）第 247730 号

深圳自然笔记

Shenzhen Ziran Biji

纪念版

南兆旭　著

深圳报业集团出版社出版发行

（518034　深圳市福田区商报路 2 号　0755-83519134）

深圳市国际彩印有限公司印制

新华书店经销

2013 年 11 月第 1 版　2022 年 4 月第 2 版

2022 年 4 月第 2 版第 1 次印刷

开本：787mm×1092mm　1/16

字数：300 千字　印张：15

ISBN 978-7-80709-548-4　定价：68.00 元